U0188097

羌族农业历史概论

王吉辰　著

羌族农业历史概论

王吉辰 · 著

上海科学技术出版社

图书在版编目（CIP）数据

羌族农业历史概论 / 王吉辰著. -- 上海 : 上海科学技术出版社, 2024.5
ISBN 978-7-5478-6582-8

Ⅰ. ①羌… Ⅱ. ①王… Ⅲ. ①羌族－农业史－中国－概论 Ⅳ. ①S-092

中国国家版本馆CIP数据核字(2024)第065817号

策划编辑　张毅颖
责任编辑　刘小莉　张毅颖
装帧设计　戚永昌

羌族农业历史概论

王吉辰　著

上海世纪出版(集团)有限公司
上 海 科 学 技 术 出 版 社　出版、发行
(上海市闵行区号景路159弄A座9F-10F)
邮政编码201101　　www.sstp.cn
上海颛辉印刷厂有限公司印刷
开本 787×1092　1/16　印张 12.75　插页
字数 150千字
2024年5月第1版　2024年5月第1次印刷
ISBN 978-7-5478-6582-8 / N·272
定价：168.00元

本书如有缺页、错装或坏损等严重质量问题，请向印刷厂联系调换

作者简介

王吉辰

1988年出生，山东淄博人。博士毕业于中国科学院自然科学史研究所。

现任教于内蒙古师范大学科学技术史研究院，讲师，主要从事中国古代天文学史、农业史方向的教学与研究工作。在《自然科学史研究》等中文社会科学引文索引（*CSSCI*）期刊发表论文3篇，主持国家社科基金青年项目1项。

序

三十余年前，我在博士学位论文《秦农业历史研究》中设置过“戎族经济类型分析”一节，透过农牧产业与发展水平差异以阐释春秋战国时期的民族关系，取得了较好的研究效果。自此之后，大概因为久居西北的缘故，民族农牧史成了我和我的学生比较关注的领域之一。

2013 年，我的硕士研究生王吉辰在《中国农史》上发表了《两汉羌人农业生产及月令式分析》一文。时读黄烈《中国古代民族史研究》，先生认为魏晋南北朝以后“许多古老的民族走完了自己的历程，从历史上消失了”。但自忖这些古老民族中，羌族或是一个特例，由古至今存续了数千年之久。在中华民族历史上拥有如此顽强生命力者，羌族或是众多民族中的一个典型。循着经济类型分析的路径，从农牧业历史角度探究羌族长期存续的历史原因，这在很大程度上成为我交给吉辰的一篇命题作文。

我们注意到在古代少数民族的三种类型中，羌族既不是社会发展阶段比较落后、游徙特征比较明显的游牧族群；也不是久居内地自称为“不侵不叛之臣”的农耕方国；而是一个介乎农牧之间、有着较固定的活动地域与范围的兼营性族群。因与农区、牧区接触交流的程度不同，其发展显现出一定的差异性。若接触到较高的社会经济文明，他们会利用良好的生产条件，朝着农业化的方向发展；若僻居荒蛮之地，他们也会顺应环境，逐渐侧重于牧业经营。这种农牧兼营的特征，让他们能“游刃”于农牧两大异质性产业与文化

之间，从而具有多样的适应性与顽强生命力。但也正是这种农牧兼营的特征，弱化了其应有的民族属性，既不像草原文明那样充满张力，又少了农业文明应有的厚重感。这或是羌族历史解读中，鱼与熊掌不可兼得的两难选题。

博士毕业以后，吉辰入职内蒙古师范大学科学技术史研究院，学术视野更加开阔，农牧感受更加真切，站在一个更高的平台上继续关注羌族农牧史的研究。目前呈现在大家面前的这部著作有着多项学术推进：由两汉羌人的研究到“长时段”羌族历史的分析，更容易形成宏观判断与总体认识；由单纯运用历史文献资料，到文物考古资料以及民族学资料的发掘和利用，做了多重证据的参校与互补；由农牧混合型经济类型，进而探求羌族农以富国、牧以强兵的民族生存模式；由异质文化互补，探寻羌民族长期存续、稳定性发展的“民族性基因”。至于唐宋间西夏王朝党项羌之勃兴、近现代羌族兼容汉藏经济文化之优长，则标志着就某一专门领域与问题的研究，吉辰有了自己比较深入的认识与看法。

“士别三日，当刮目相看”，吉辰这几年学识、事功皆有精进。值此《羌族农业历史概论》付梓之际，愿为序以贺。

西北农林科技大学教授
中国农业历史文化研究中心主任
中国农业历史博物馆馆长
樊志民

2023 年 6 月

目录

绪论

羌族是中国最古老的民族之一，有着数千年的文化历史。羌族历史在中国民族史上占有极其重要的地位。按照冉光荣等在《羌族史》一书中的说法，如今在岷江流域上游的这部分羌族与西北古羌人（包括白马羌、党项羌等）及氐人都有着血缘上的联系，其源起可以追溯到数千年前的商周时期，这在中国及世界史上也并不多见。[①] 资料显示，现羌族人口有30余万，主要分布在四川省阿坝藏族羌族自治州东南部的茂县、汶川、理县、松潘和仅与岷江上游一山之隔的北川羌族自治县等地区。

四川羌区人口民族构成（2000年）

	汶川		理县		茂县		北川	
	人数	占比（%）	人数	占比（%）	人数	占比（%）	人数	占比（%）
藏族	19 402	17.33	22 523	51.58	1 659	1.60	3 212	2.00
羌族	35 210	31.46	14 500	33.21	93 405	90.19	91 218	56.90
汉族	55 681	49.74	6 387	14.63	6 191	5.98	65 344	40.76
其他民族	1 642	1.47	258	0.59	2 315	2.24	527	0.33
合计	111 935	100	43 668	100	103 570	100	160 301	100

羌族是中华民族的一个重要组成部分，童书业在《姬姜与氐羌》一文中说道："周代所谓华夏之族，本以姬、姜、子三姓为中心，子

① 冉光荣、李绍明、周锡银著，《羌族史》，四川民族出版社，1985年，第210–213页；任乃强著，《羌族源流探索》，重庆出版社，1984年，第94–109页。

为东族之姓，姬姜为西族之姓。”从目前的研究成果来看，无论是遗传学、人种学还是史料记载，学界都已普遍认可羌族作为华夏族的一支组成部分，对中华文明，尤其是农业文明产生了重大的影响，具有深远的意义。羌族与历史上其他民族经由漫长的交流、融合、涵化直至同化过程，最终形成了今天的中华民族。而在这个漫长的过程中，农业作为一个重要的发展主题，自然也少不了周边民族所做出的伟大贡献。李根蟠在《我国农业科技发展史中少数民族的伟大贡献》一文中对此有论述，“以往人们研究我国农业史往往着重于汉族，而忽视其他少数民族，以致不能对少数民族在我国民族农业发展史中的地位和作用做出正确评价”。①

汶川萝卜寨中的羌族百姓

① 李根蟠，《我国农业科技发展史中少数民族的伟大贡献》，《农业考古》1984 年第 1 期，第 257 页。

羌族研究面临最根本的困难就是如何确定羌族的族属。整体上讲，20 世纪有关羌族的研究基本上是将“羌”当作一个确定的族属，羌族的历史得到传承，这与正史上的记载十分切合，但羌族支脉从生、飘忽不定的问题难以解决。就以羌族族源为例，《后汉书·西羌传》记载：“西羌之本，出自三苗，姜姓之别也。”① 西羌在甘青一带，而三苗则活动在鄱阳湖一带，两者相差甚远。这一记载也遭到了许多历史学者的质疑。羌族的种姓同样是一个问题，《后汉书·西羌传》说：“自爰剑后，子孙支分，凡百五十种。其九种在赐支河首以西，及在蜀、汉徼北，……唯参狼在武都；……发羌、唐旄等绝远，未尝往来。牦牛、白马羌在蜀汉，其种名别号，皆不可纪知也。”② 可见汉时羌人的流动已经非常复杂，况爰剑一系之外，仅存诸史书记载尚有先零、牢姐、卑湳、当阗等名号，至于其他种号，则大多已无从查考。历史上的羌人保存了较强的迁徙能力，他们或东迁甘肃，或东南徙川滇，以至新疆南部、内蒙古地区、陕西一带都可以见到羌人的踪迹。这些都为研究羌族历史设置了巨大的阻碍。一直从事羌族研究的台湾学者王明珂都感到困惑。

现已知晓，先民在划分民族的时候往往不具备体质人类学上的意义。民族仅仅是一个增强人群认同（identify）或区分（distinguish）的工具，既是一种“兄弟姐妹”与“非我族类”的人为想象，也是一种“我者”与“他者”的表述。中国历史上因而有蛮夷戎狄之分，许慎的《说文解字》在释“羌”时会做出“西方牧羊人也”的表述。西

① 范晔撰，《后汉书》卷 87，中华书局，1965 年，第 2869 页。

② 范晔撰，《后汉书》卷 87，中华书局，1965 年，第 2898 页。

方从事畜牧的民族难道都是羌吗？或者羌仅仅只是在西方从事畜牧业吗？这种表述从更深层次反映出的，不是以羌为本位的确切的族属，而是以华夏为本位的“那么一群人”。

王明珂的看法比较有代表性，他认为，“羌”与“蛮”“夷”“戎”“狄”一样，并非一个确定的有着确切历史沿承的民族，而是汉人给华夏边缘人群贴上的一个非我族类的“标签”。他在哈佛大学期间的博士学位论文 *The Ch'iang of ancient China through the Han dynasty — Ecological frontiers and ethnic boundaries* 中使用了 drift（漂移）一词来描述“羌”指代范围的变化，随着中原版图不断向外扩展，“羌”所指代的意义不断向外移动。从王明珂的自述中可以发现王明珂本人经历了一个范式转换（paradigm shifting）：原有的解释体系已经难以对复杂的羌族问题进行解释，要想建立一套完整的成体系的羌族史，就必须清楚“羌”到底指代的是什么人，“羌族标签”究竟在多大程度上可以涵盖不同血统的、一度被外族冠以不同外来名的族群？要解决这个问题，似乎非得开辟一条新路。

俯瞰高山深谷中的汶川萝卜寨

不可否认，这种带有“解构”（destruction）色彩的观点自然可以很好地解释羌族散乱无序的历史，也可以说明“羌”族属的问题，但是，对此观点必须做出的补充是：与其他许多少数民族一样，“羌”既不是一个严格民族定义，但也绝不是无根之木、无源之水。“羌”指的是这样一群人，他们从事的是农牧兼营的混合经济，有着与中原文化不同的习俗（如父子连名制、火葬、屈肢葬、石棺葬）。主要活动在甘肃青海一带，从新疆南部、内蒙古西部地区、陕西西部直到川西和其以南地区，历史上都曾有分布。在川西地区的这支羌人，因为岷江流域高山深谷的自然隔绝，直到现在仍然保存着历史上羌人的一些痕迹。

故此，有必要首先引入相关的历史和地理背景。在商代，“羌”主要是指商人眼中西方蛮族。春秋战国时期，伴随着尊王攘夷运动的不断发展，中国的民族边缘概念渐渐形成，“羌”或者“氐羌”这一概念逐渐成为中原地区国家，或者以周王朝为正统的诸侯王心目中的非我族类。从历史文献中可以看到，甲骨文中大量出现的“羌”，到了春秋战国时期渐渐变得稀少。汉代以前的诸多文献中，羌极少有独立的意义，多为氐羌合用，或代指地名。颇有意思的是，在与羌接壤的秦代资料中，也没有发现与羌有关的任何线索。王明珂对此解释道，“羌”的概念是不断漂移的，是一直以来人们心目中边缘民族的概念，随着疆域的变迁，其内容代指也不断变化。比如，汉代“羌”的概念主要是指当时王朝的西部边缘族群；而隋唐以后，随着吐蕃王朝势力的兴盛，“羌”的概念逐渐压缩；到民国初年之际，“羌”指代的只剩下川西地区岷江上游一带汉藏之间的原住民。这种说法虽有一定的解释力，能够说明自古以来“羌”的概念因何会混乱不清、指代不明，但是，完全将“羌”说成是边缘的指代，缺乏一定的说服力。历史文献中有关羌的明确记载，蕴含着其流变的一些蛛丝马迹，甚至于，羌的称谓也并非只是我者对他者的一种指称，羌人的自我意识会不时地显现出来。

晚清时期，国族主义渐渐形成气候。东西列强不断加强了对边疆地区的争夺，帝国主义将谋求在华政治经济利益的魔爪一直伸向满、蒙、藏及西南诸地，这些地区自古以来就对中原地区有着非常强烈的依赖性。此外，在许多边疆地区，比如一些西南方地区，很难区分汉族与非汉族。因此，在经历一系列边疆问题的研究之后，华夷一体、中国民族团结、五族共和的蓝图，成为一个共同的认识。民国政府成立以后，许多知识分子都试图重新构建中华民族的一体性和民族区分。这些学者的工作在某种程度上造就了“民族”的概念。

这种活动一直持续到20世纪初，20世纪50年代以前的岷江流域地区，属于藏彝走廊的一部分，这片区域的民族族属待重新划分。西方的一些学者、探险家和传教士，以及中国的一些学者都先后对此地，对当地百姓进行了民族学和人类学的调查，留下了若干文献记录，如庄学本的《羌戎考察记》。这些至今仍是研究的重要参考资料。

需要说明的是，在民族的构建过程中，参与观察会不可避免掺入一些主观成分。有些事物甚至在经历了本土化之后，成为历史重构过程中的重要环节。因此，需要在理解上做出调整，文化的深入和外来的影响从古至今一直存在，所谓的“原生态”文化本身就是一种理想的假设，在文化的交流和碰撞中，与本民族契合的或者适应的，会不

晚清时期的威州（伊莎贝拉·露西·伯德拍摄于 1899 年）

断被吸收，而另一些则不断被排斥，所以文化的影响与交流不仅是一个互相影响的过程，同时也是一个自身不断强化的过程。这种强化作用，从微观上来讲，是文化传承在每一代人身上的体现，而从宏观上来看，则是整个民族的文化基因。

羌族在中国的历史中颇具典型性。自新石器时代时期，羌族的祖先就已在甘肃、青海地区定居，甲骨文、金文中亦可以寻找到有关“羌”的确切记载。从中国的正史中可以很容易发现，自汉代以降，有关羌人的记载亦不曾隔断。可以说，羌人与中原民族是同生共长的。

存在于文献资料中的羌族可以追溯到夏代晚期，在二里头文化晚期遗址中出土的一件黑陶纺轮最早出现了“羌”字。按照羌姜同源的学说，许多历史传说中也常常能见到姜姓存在，比如共工氏、神农氏

汶川县威州吊桥（庄学本拍摄于 1934 年）

都为姜姓，而《史记·六国年表》中则提到，“禹生于西羌”，《帝王世纪》《蜀本纪》《水经注》等诸多文献中都持禹生西羌的说法。

商代时期，羌作为西北地区的一个部落时常在文献当中有所反映。《竹书纪年》中说，“汤十九年，氐羌来降”，这一事件在《诗经·商颂·殷武》当中也有相关的记录，“昔有成汤，自彼氐羌，莫敢不来享，莫敢不来王”。而商代的甲骨文中出土的“羌”的记录甚多，其中，有“伐羌”“获羌”“田羌”等记载，说明商时常与羌人发生战乱，并捕获羌人为奴，从事农业劳动或人牲祭祀。

周人的始祖弃，其母为姜姓，章炳麟在《检论·序种姓》中认为：“羌者，姜也。”傅斯年也持同样的观点，他在《姜原》中说：“姬周当是姜姓的一个支族，或者是更大之族之两支。”正因为此，羌人与周人的关系比商代时期更为和谐。武王伐纣时，羌人在其中做出了极大的贡献。这段历史被记录在《尚书·周书·牧誓》中。周王室式微以后，平王被迫东迁，少数民族纷纷进入中原，一部分羌人也夹杂其中。一方面，各路诸侯竖起“尊王攘夷”的旗号，攻伐少数民族扩张自身政治势力，使得民族矛盾更为激化；另一方面，一些诸侯国借助少数民族的力量强大自身。《后汉书·西羌传》中追溯到的羌人历史，最早就是从这一时期开始的。到公元前316年，秦国伐蜀征羌，并设置湔氐道，统辖羌人所聚居之地。

汉代，从地域上划分，羌人主要有东羌和西羌两大类。东羌主要是因战乱等原因内迁入中原的羌人，这部分人群大多被中原汉人同化；西羌则主要指没有进入中原的羌人，他们主要分布在甘肃青海一带的河湟地区，即史书中常见的先零羌、留何羌以及罕开羌。而居于西南地区的羌人则有白马羌、青衣羌、牦牛羌、参狼羌等部族。此外，羌人中的一支——婼羌，生活在玉门关以外的新疆塔里木盆地一带，还有一部分羌人分布在西藏雅鲁藏布江流域，称为发羌、唐旄。

到魏晋南北朝时期，北方少数民族大量内迁中原，很大一部分人已经汉化，从甘青地区迁徙而来的烧当羌后裔、南安羌人姚苌建立了"五胡十六国"之一的后秦政权。这一时期，陇西有宕昌羌，四川和甘肃交界地区以及岷江上游有邓至羌，而白兰羌、党项羌则大多依附于吐谷浑的统治之下。

隋唐时期，政府采取了一系列政策安抚少数民族，居于青藏高原和河湟谷地的羌人如党项、东女、白兰、白狗等部落或受控于中原政权的羁縻政策，或被吐蕃融合。唐政权在今天的汶川、茂县、理县、松潘一带设置了松州和茂州等一系列正州及羁縻州，大多任命当地羌人为这些州府的刺史。

党项羌在经历了多次迁徙和归附之后，最终占据了河西走廊的大片沃土良田。在强大的经济实力的支撑下，党项羌人最终在公元1038年建立西夏王朝。成为先后与宋、辽、金对峙的强大帝国。西夏于公元 1227 年为蒙古所灭。两宋之后的羌人再一次与汉族和其他少数民族融合。

宋代仿照唐代，在茂州、威州等地设立了十几个羁縻州。元代，政府首先推行了针对少数民族的土司制度。明代，卫所的建立使得土司制度的发展更进一步完善。清代以后，羌族地区施行了“改土归流”的政策，推动了羌族地区的经济和社会发展。

尽管其历史并不曾割裂，有关“羌”的记载亦屡屡见诸文献，然而同很多少数民族一样，面对庞大的自给自足的中原王朝，始终流动在中国内陆边疆地区的羌族，无论是在经济还是政治、文化上，都难以对中原产生重要影响。反而是“寇边”“叛塞”的记载成为史家记载的主要内容。“破羌将军”“护羌校尉”等官职的设立，大致可反映羌族与中原民族之间紧张的关系。

这种紧张的边疆局势当然可以视为农牧关系的一种具体体现，因此说，从对羌族农业历史的研究中，亦可以窥见中国历史上农牧关系的一个缩影。

第一章 传说时期的古羌人与羌族农业

对于“羌”最早的解释来源于汉代的典籍，东汉许慎的《说文解字·羊部》解释道：“羌，西戎牧羊人也。从人、从羊；羊亦声。”《风俗通》说：“羌，本西戎卑贱者也，主牧羊。故‘羌’字从羊、人，因以为号。”《后汉书·西羌传》中说：“所居无常，依随水草，地少五谷，以产牧为业。”这三条记载中的西羌都是以放羊为主的游牧民族。

距今 6 000～4 000 年，那时羌人的分布地点主要位于甘肃青海的河湟谷地一带。考古学资料显示，位于甘肃青海地区的马家窑文化、宗日文化，大多显现出一种初期的混合型经济状态，如马家窑地区发现了石刀、石斧、石铲等农业生产工具，部分地区发现粟、黍颗粒，有较发达的制陶工艺。同时也发现有驯养动物的骨骼以及狩猎用的石球、骨簇等工具。而宗日文化出土了石锄状打制石器，斧、锛、凿、刀等磨制石器，制陶工艺亦较为发达。学者通过对甘青地区部分石棺葬、火葬等墓葬形式的分析，发现该地区的特殊习俗与后来的羌族有着直接的源承关系。因此我们姑且将这一时期称为“羌源”时期。

从考古发掘的资料来看，在羌源时期，人们已经完成了种植业的起源过程，经过了原始种植业数千年漫长的发展以及其间的民族迁徙过程。此外，不得不提出的一点就是，这一时期，羌人已经与中原文明产生交流。而且从史料与民族资料来推测，中原地区经由早期的羌（姜）人传入一些种植技术与作物（如麦）是可能的，从考古发掘目前的资料来看也是合理的。

在新石器时代，羌族的耕种业发展优于中原地区，并不是不可能的。考古学资料已证明，位于甘肃青海地区的马家窑文化、宗日文化，都从事一定的原始种植业，并且以种植业作为主要粮食来源。在羌源时期，人们已经完成了种植业的起源过程，羌人中的一支从河湟谷地沿渭水东进，来到土壤丰饶、气候适宜的关中沃野（从地望上来讲，神农氏生姜水……亦指关中沃野）。在这里，这支羌民凭借早期的种植经验和百里秦川丰厚的自然条件“经之营之”，最终又脱离了羌，发展成为一支世代以农业为本的部族——姜姓部族，从此这支部族通过与周边部族的沟通与交融，最终融汇到后来华夏血脉之中，其早期的农业思想和农业技术也延续至整个中华民族的文明中去，而形成了我们与世界其他民族所不同的独特的文明体系。

第一节　上古时期羌族农神传说体系

史料中关于神农氏的记载散见于诸先秦文献中，其中，张守节《史记正义》引《帝王世纪》：“神农氏，姜姓也。母曰任姒……”①

《易经·系辞下》：“包牺氏没，神农氏作，斫木为耜，揉木为耒，耒耨之利，以教天下。”②

《淮南子·修务训》载：“于是神农乃始教民播种五谷。”③

《太平御览》卷833引《周书》云：“神农耕而作陶。”④

《绎史》卷四引《周书》云：“神农之时，天雨粟。神农遂耕而种

① 司马迁撰，《史记》卷1，中华书局，1982年，第4页。

② 周振甫译注，《周易译注·系辞下传》，中华书局，2013年，第273页。

③ 马庆洲著，《淮南子今注》卷19，凤凰出版社，2013年，第394页。

④ 李昉辑，《太平御览》卷833，民国二十四年上海商务印书馆四部丛刊三编景宋刻配补日本聚珍本，第14273页。

之……”[①]

从以上的材料中可以发现神农氏姓姜，按《后汉书·西羌传》“西羌之本，出自三苗，姜姓之别也”，[②]羌姜同源一说，学界已普遍认可。据此，我们应该可以推断，作为史料记载中最早教民稼穑的神农氏，应属羌族的一支早期氏族部落。

史书中关于神农氏的记载往往与炎帝并称，从而将此二人混为一谈（以下还会谈到），如，《史记正义》引《帝王世纪》曰：“神农氏，姜姓也，母曰任姒，有蟜氏女，名女登，为少典妃，游于华阳，有神龙首，感生炎帝。”[③]又如《宋书·符瑞志》云：“炎帝神农氏，母曰女登……”[④]关于炎帝和神农氏是否是两个人，目前史学界更无统一的说法，由于笔者学识尚浅，实无力加以区分，但倾向于认为神农与炎帝非一人。此处且分作二人讲，所征引文献亦从二人说。

以神农氏为首的这支部落在进入中原地区之后开始从事耕种，这是史籍中所记载的最早的教民以稼的人，按照《庄子·盗跖》中所说：“神农之世，卧则居居，起则于于，民知其母，不知其父。”[⑤]这说明当时社会尚处在母系氏族公社时期，而该时期的起止标志应是“从狩猎业相对独立并有一定发展开始，到原始农业发明并有一定发展为止”。[⑥]这说明神农氏时代的社会基本形态与农业的起源是相印证的，

① 马骕撰，王利器整理，《绎史》卷 4，中华书局，2002 年，第 24 页。
② 范晔撰，《后汉书》卷 87，中华书局，1965 年，第 2869 页。
③ 司马迁撰，《史记》卷 1，中华书局，1982 年，第 4 页。
④ 沈约撰，《宋书》卷 27，中华书局，1974 年，第 760 页。
⑤ 吕惠卿撰，《庄子义集校》卷 9，中华书局，2009 年，第 540 页。
⑥ 李根蟠、黄崇岳、卢勋著，《中国原始社会经济研究》，中国社会科学出版社，1987 年，第 31 页。

也是可信的。神农氏带领人们开始从事耕种，并进行了最早的农业技术推广工作。

在早期的耕种过程中，这支部落还利用天然的木棍，“斫木为耜，揉木为耒”，发明了早期的农业种植工具耒和耜，为种植的发展提供了极大的便利。另外，神农氏又名烈山氏，李根蟠、何光岳等均提出过“烈山氏”谓放火烧山，刀耕火种之意。[①] 刀耕火种作为一种农业起源时代的原始农业形态是普遍存在的，结合神农氏的事迹来看，烈山氏有刀耕火种的意味存在其合理性。

经过了原始种植业数千年漫长的发展以及其间的民族迁徙过程，神农氏作为氏族部落的首领，凭借重农的思想和对农业做出的巨大贡献，被奉为第一位“农神”。

神农氏之后，又有其子烈山柱作为氏族首领，《左传·昭公二十九年》载:“烈山氏之子曰柱，为稷，自夏以上祀之。”[②] 按任乃强所著《羌族源流探索》一书中所说，这里所说的“柱”，实为神农氏时的“后稷”，与周始祖弃并非是同一个人。任乃强认为，《诗经·周颂·思文》一篇实际上是歌颂神农氏之子烈山柱的诗歌。而颂周始祖弃的实际应是《诗经·大雅·生民》。[③]

关于烈山柱的记载还见《国语·鲁语上》载鲁展禽语：“昔烈山氏之有天下也，其子曰柱，能殖百谷百蔬。夏之兴也，周弃继之，故

---

① 何光岳，《神农氏与原始农业——古代以农作物为氏族、国家的名称考释之一》，《农业考古》1985 年第 2 期，第 12 页。李根蟠，《农稷别考——关于神农、后稷传说的新探索》，原载《炎黄文化研究》第五辑。

② 左丘明撰，徐元诰集解，《国语集解》，中华书局，2002 年，第 155 页。

③ 任乃强著，《羌族源流探索》，重庆出版社，1984 年，第 28-29 页。

祀以为稷。”[1]以及《左传·昭公二十九年》载晋太史蔡墨语：“稷，田正也。有烈山氏之子曰柱，为稷，自夏以上祀之。周弃亦为稷，自商以来祀之。”《礼记·祭法》也有：“厉山氏之有天下也，其子曰农，能殖百谷。夏之衰也，周弃继之，故祀以为稷。”[2]

上文都提到柱“能殖百谷百蔬”，考虑到柱所在的年代为神农氏之后不久（烈山氏之子），也就是农业刚刚起源不久。先民种植作物大多有一个从广谱种植到人工选育的问题。而柱所植百谷百蔬，其中亦有神农尝百草的意味，大概早期的种植就是凭借感官及经验选择一些果实颗粒大，味道较符合人类口味，无毒的植物。经过漫长的人工选育，才遴选出一些产量丰富，耐饥馑（淀粉含量较高），适应环境能力强的作物。而烈山柱最早所做的便是这一工作。李根蟠在《农稷别考——关于神农、后稷传说的新探索》一文中认为：“‘柱’可以理解为点种棒，象征挖穴点种，这正是原始刀耕火种的两个相互连接的主要作业。”[3]这一耕作技术变革恰与作物从广谱种植到人工选育的过渡在历史时期上相吻合。

烈山柱为稷，这里就不得不牵扯一个问题，就是稷到底是指人还是指物的问题。

《甲骨文字典》解释说：“稷，从禾从[illegible]，[illegible]为[illegible]（祝）字之所从，后伪为[illegible]，故《说文》稷之古文作[illegible]。《说文》：‘稷，齋也。

① 阮元校刻，《十三经注疏·春秋左传正义》卷 53，中华书局，2009 年，第 4613–4614 页。

② 阮元校刻，《十三经注疏·周礼注疏》卷 18，中华书局，2009 年，第 1635 页。

③ 李根蟠，《农稷别考——关于神农、后稷传说的新探索》，原载《炎黄文化研究》第五辑。

五谷之长，从禾，畟声，𥝩，古文稷省。'"[1] 由字形来看，稷字应是人边一禾，象征人在培植禾这种农作物。也就是说，"稷"字最早应是代表人，即上文所见《左传·昭公二十九年》晋太史蔡墨的"田正"说，而不是禾这种植物，稷字最早应不是作为指物禾、黍的代名词，后来才从指人转向指物。今人考证禾、黍即为稷，而禾黍用作作物的本名，其产生也必然早于稷，断然没有喧宾夺主的道理。稷后来被用作禾黍的代称，这也就印证了汉以前文献中有稷必无禾粟，有禾必无稷的问题。而资料显示，云梦秦简中《日书》篇，亦有稷即禾黍的确证。[2]

因此，烈山柱又名为稷，稷实为农官之意，而不是说烈山柱是最早种植稷的人。

烈山柱之后，又有炎帝(《汉书·郊祀志》李奇注："炎帝，神农后")。关于炎帝的说法，史书往往将其与神农氏混为一谈(《潜夫论》："身号炎帝，世号神农")。屠武周在《神农、炎帝和黄帝的纠葛》一文中认为，神农氏在前，炎黄在后的世次关系，本来是很明确的。只是刘歆为了迎合王莽而窜史。[3] 故后世才有神农炎帝之辩。神农在前，属于母系氏族社会；炎帝在后，属于父系氏族社会。炎帝应属神农的后裔。且黄帝与炎帝应是同母异父的兄弟。[3] 按炎帝本是与黄帝同时代的人，而神农氏与这两人时间上相差甚远。又有，神农氏本是一人之名，后被用作部族之名，不独神农氏、炎帝存在这种情

① 任乃强著，《羌族源流探索》，重庆出版社，1984 年，第 28–29 页。
② 李根蟠著，《中国农业史》，台北：文津出版社，1997 年。
③ 屠武周，《神农、炎帝和黄帝的纠葛》，《南京大学学报》，1984 年第 1 期，第 59 页。

况，连“后稷”之名也有这种情况存在，这在民族学上是很常见的。况且想“神农”“炎帝”“后稷”这种带有歌颂性质的名字，本就是后世子孙附会，而非其真名，以一人称一族，当有身出望族的意味。若据此，神农氏作为部族的名字，也就是其后裔的炎帝部族名字，混为一谈是极有可能的。

前面提到，史料中神农氏与炎帝的记载往往是混杂的，难以区分。如《拾遗记》卷一载：“炎帝时有丹雀衔九穗禾，其坠地者，帝乃拾之，以植于田，食者老而不死”，词条所记，则断非信史，不过是“赤鸟传说”（下文亦将谈及）的另一个版本，且明显将神农氏附会于炎帝上。此处之论述则多依前辈学者之言。

上面提到，屠武周认为黄帝和炎帝的生父分别是蛇氏（有蟜氏）和牛氏，为同母异父之兄弟，《国语·晋语》说：“昔少典娶于有蟜氏，生黄帝、炎帝。黄帝以姬水成，炎帝以姜水成。成而异德，故黄帝为姬，炎帝为姜，二帝用师以相济也，异德之故也”，这里提到了炎黄之战，按崔述《补上古考信录》认为“必无同胞兄弟而用师以相攻伐之理”，对于此说解释，笔者认为同样可以从原始社会形态方面加以考虑，按陈文华推测，黄帝大约是在公元4500年前，应将其与考古学上的新石器时代晚期相联系。依照李根蟠《中国原始社会经济研究》一书中对“摩尔根-恩格斯体系”的重新划分，这个阶段应属家族公社时期，该时期实行氏族外婚制，后期实现了由母系制向父系制的历史转变。[①]因此，黄帝和炎帝两族虽为

① 李根蟠、黄崇岳、卢勋著，《中国原始社会经济研究》，中国社会科学出版社，1987年，第31-32页。

同母的兄弟，但实为两个部族，这样来看，两个部族为争夺利益而战自不奇怪[①]。起初，这两支部族皆居于关中之地（地望上，按郦道元《水经注》所说，姜水应在现今的岐山一带，姬水应在现今的武功一带）。

陈文华在《中国古代农业文明史》一书中认为：炎帝氏族从事农耕，黄帝氏族仍过着游牧生活。炎帝氏族自关中一带沿渭水东下，至黄河以南地区，炎帝部族传至蚩尤时，又与沿渭水北部东迁的黄帝氏族战于逐鹿，最终败而南迁。[②]这种说法是可信的，我们从史籍资料中大约也可以勾勒出这样一条迁徙的主线，吴卓信在《汲冢周书》补注中称："昔烈山帝榆罔之后，其国为榆州。曲沃灭榆州，其社存焉，谓之榆社。地次相接者为榆次。"按榆次即今之榆次，在山西，其西北接太原。又，《帝王世纪》云："炎帝自陈营都于鲁曲阜。"《史记·补三皇本纪》也说炎帝神农氏"初都陈，后居曲阜"，按陈在今河南淮阳县。而战败的蚩尤部落（也就是炎帝部落），南迁于江汉一带，固有《帝王世纪》中炎帝神农氏"在位一百二十年而崩，葬长沙"，《后汉书·郡国志》中"炎帝神农氏葬长沙"云云。

炎帝的南迁，给南方的少数民族带去了种植业的技术，但由于史籍中对于南方的稻作文化记载极少，所以我们今天只能借助南方地区的神话传说以及民俗习惯对炎帝在南方的兴农之业管窥蠡测

---

① 张其昀先生认为炎黄血战，实为食盐而起。按任乃强先生亦重视考察盐在早期民族生存中发挥之重要作用，故此说值得重视。

② 陈文华著，《中国古代农业文明史》，江西科学技术出版社，2005 年，第 45 页。

了。王万澍《衡湘稽古》言：湖南“桂阳北有淇江，其阳有嘉禾县。嘉禾故粮仓也。炎帝之世，天降嘉谷，神农拾之，以教耕作。于其地为禾仓。后以置县。循其实曰嘉禾”。又有“而衡、湘之间，其民至今犹感念柱。凡一径数里，供奉一柱，以春祈秋报焉，谓树者柱也。又所在有神农祠。”此说虽有穿凿附会之嫌，但所述之民风应无太大出入。诸如此类的众多遗迹，在南方地区并不乏见。早在战国末年，屈原在《远游》一诗中写道：“指炎神而直驰兮，吾将往乎南疑。览方外之荒忽兮，沛罔瀁而自浮。祝融戒而跸御兮，腾告鸾鸟迎宓妃。”明言炎帝居于九嶷山。战国时楚人许行，也“托神农之言著书”，而成书《神农》。由此约略可见炎帝对于南方种植业的重要影响。

第二节　夏商时代的农业复兴

周始祖弃，又称后稷，其所见文献之处有：《史记·周本纪》载：“周后稷，名弃。其母有邰氏女，曰姜嫄。姜嫄为帝喾元妃。”[①]《诗经·生民》中也有关于姜嫄履迹而生后稷的记载。因此，根据文献来看，弃也是姜姓的后裔。

《诗经·生民》载后稷“蓺之荏菽，荏菽旆旆。禾役穟穟，麻麦幪幪，瓜瓞唪唪”。《史记·五帝本纪》载弃：“相地之宜，宜谷者稼穑焉，民皆法则之。帝尧闻之，举弃为农师，天下得其利，有功”“舜曰：‘弃’黎民始饥。汝后稷播时百谷”“弃主稷，百谷时

① 司马迁撰，《史记》卷 4，中华书局，1982 年，第 111 页。

茂”。[1]《逸周书·商誓》载：“王曰：‘在昔后稷，惟上帝之言，克播百谷，登禹之绩，凡在天下之庶民，罔不维后稷之元谷用蒸享’。”《诗经·鲁颂·閟宫》也载：“是生后稷。降之百福。黍稷重穋，稙稚菽麦。奄有下国，俾民稼穑。有稷有黍，有稻有秬。奄有下土，缵禹之绪。”

后稷一族虽为姜姓，但史料中的记载显然已经与炎帝无关，炎帝作为姜姓的一支，已经迁徙至南方地区，故虽同为姜姓部族，但史书中并不提后稷与姜姓炎帝的关系。

而根据这些史料，我们可以看到弃时的教民稼穑已经不是简单地教百姓种植作物，而能“相地之宜”，这也就是早期因地制宜的地宜理论，成为西周时期发展起来的土壤学思想的滥觞。另外，这种从早期的环境选择亦可以看作我国农业文明中风水学的滥觞。而从所种的作物来看，弃所种植的作物已经从神农氏时期的百谷，发展成了荏、菽、禾、麻、麦、瓜等特定的作物，这些作物到发展后期成为“五谷”，也是很长一段时期内中原地区百姓的主食。

我们依据文献可知，弃自幼在培植作物的过程中观察到了一些作物的生长规律，并将这些经验应用于后来的作物种植，从种植技术方面对农业发展起到了推动作用，也正因为他的贡献，弃被舜所任命为“农师”，封于邰地，其后世亦世代为农官。当然，我们考察上古的神话和历史，文献记载是根本依据，但也不可完全就事论事。这些记载中带有较浓的神话色彩，多将一个部族的成就归结到一个人身上，比

① 司马迁撰，《史记》卷 4，中华书局，1982 年，第 112 页。

如“神农氏耕而作陶”“神农氏作，斫木为耜，揉木为耒”等。毕竟农业的起源也不是一朝一夕之功。从这个层面来讲，如果把神农氏对早期农业起源与发生所做的贡献放到整个姜姓这个从事农耕的部族中去思考，则会更贴近实际，同时也更有意义。

但弃教民稼穑的意义似乎还不止于此，周原之地，自古便有“后稷教稼”之说，所疑者神农氏已教民稼穑。而后稷何以有在数百年之后重新教民以稼呢？研究这个问题则不得不借助气象学的资料，“根据中国古代气候研究成果，大约从距今 4 500 年开始，气候适宜的大西洋期结束以后，全球普遍进入一个新的以持续性干旱，间以突发性暴雨和洪水为特点的极度灾变时期，即亚北方期”。① 其大致经历了“距今 3 600～3 500 年的夏末商初、距今 3 100 年的商末、距今 2 800～2 700 年的西周末年，以及距今 2 450～2 360 年的春秋战国之交”“这种趋势，到距今 3 000 年左右达到了顶点”。② 这就使得农业的发展受到了非常巨大的影响，故而出现了《史记》中所说的“黎民始饥”的现象。这些气象学上的研究并不孤证，《汉书 · 食货志》云：“汤有七年之旱。”《资治通鉴前编》又云：“商王践天子之位，是岁大旱。”这与气象学上的研究成果恰相吻合。我们推测后稷以前的种植业在经历了持续干旱之后严重受挫。因此，后稷教稼之功也就不足为奇了。从这个层面上分析，后稷教稼对于整个中原地区农业的重新振兴是功不可没的，它同样也是先民在从事农业过程中与严酷的自然气

① 耿少将著，《羌族通史》，上海人民出版社，2010 年，第 11 页。

② 耿少将著，《羌族通史》，上海人民出版社，2010 年，第 30 页。另可参见王绍武《2200—2000BC 的气候突变与古文明的衰落》一文中对黄河流域所受影响的相关论述。

候进行抗争的一个缩影。

受制于地理环境，农业技术在先周文化的带领下复兴并进一步影响中原其他民族。而播植百谷的农业活动业已转变为基于产量、种植成本等农业经济因素考量的优选行为。从考古遗址来看，目前学界普遍认同的羌族文化有马家窑文化、宗日文化等，时间跨度从距今6 000年到距今4 000年左右，主要分布地区为甘肃、青海、宁夏一带的滨河台地，这一时期出土的石棺葬与后来岷江上游羌族聚居地区的石棺葬有前后沿承关系。马家窑文化下承齐家文化、卡约文化和诺木洪文化。

马家窑文化的主要分布地区为青海甘肃宁夏一带河流两岸的台地上，其主要特征是彩陶发达，随葬品中有石刀、石斧、石铲等农业生产工具，并出土了炭化粟麻等作物遗存。此外，还有狩猎用的石球和骨簇，鹿、羚羊、野猪等动物骨骼，显示出马家窑文化先民在种植业外，从事一定规模的采集狩猎活动。这一时期出现的石棺葬也是后来岷江上游地区的石棺葬习俗的源头，显示出羌人文化的一脉相承。总体而言，马家窑文化显现出较为发达的种植业文化特征。

到齐家文化、卡约文化时期，文化形态较马家窑文化最大的差异在于彩陶文化的大幅度衰落，大型石制农具减少，而细石器增多，石刀的用途也从割断柔韧的谷类茎纤维转变为切割动物皮肉。青铜器开始出现。动物遗骨中没有发现猪骨，取而代之的则是随葬的羊角。①

① 王明珂著,《华夏边缘：历史记忆与族群认同》，上海人民出版社，2020年，第143页。

马家窑类型圆点网纹瓶
（摘自青海省文物考古队编，《青海彩陶》）

这标志着人们从定居文化逐渐转向机动性更强的半游牧文化。长期以来的农业定居生活受全球气候干冷化的影响而难以为继，在此前，羌人一度营造的原始农业文明遭受重创，羌人只能选择更加适应当地地理气候的生产方式，充分利用高原草甸，蓄养草食性动物，取代此前定居的农业耕种生产方式。

考古遗存中出土的石球、骨镞和鹿、羚羊、野猪等动物骨骼残骸显示古羌人兼营采集渔猎，以弥补种植业的不足。此外，他们还驯养了猪、狗、鸡等家禽家畜。

从考古出土的随葬品中可以看到这一时期普遍使用石刀、石斧、石铲等农业生产工具，出土的作物以碳化粟、黍、稷、麻等耐旱作物为主，这与距今 6 000 年左右河湟地区的冷干期气候变化相一致。甘肃临夏东乡县马家窑文化遗址出土了装有粟、麻的陶罐，以及捆扎成堆的稷穗，与今天西北地区种植的糜子在形态特征上差异不大。类似的粟、黍在青海乐都柳湾遗址、民乐东灰山新石器时代遗址、甘肃兰州青岗岔遗址均有出土。粟、黍、稷等作物具有耐干旱、适应性强的特性，是西北地区旱作农业的主要粮食作物，在中国古代农业史中也有十分重要的历史意义。麻是桑科大麻属植物，又被称为汉麻、火麻、魁麻、线麻等，是毒品印度大麻植物的同科同属的不同亚种，火麻在中国古代就作为重要的生活物种供给先民粮食、纤维和医药。西北地区至今仍然有“嚼麻籽”的习惯。历史上，火麻籽曾经被列入五谷之一，是古代重要的粮食作物。

甘肃省东乡族自治县东塬乡林家遗址考古发掘现场

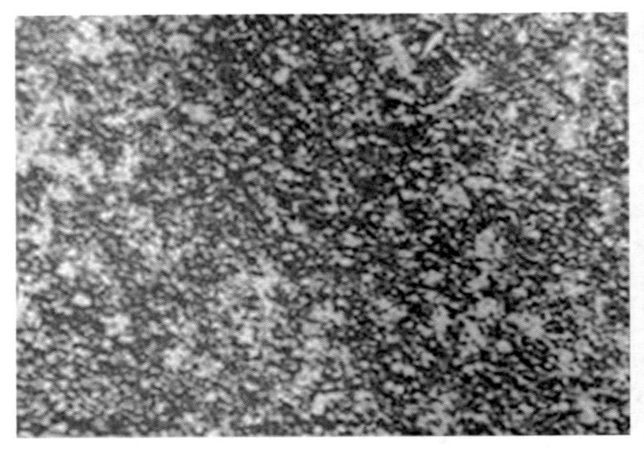

林家遗址中出土的大麻籽（左）和炭化粟（右），现藏临夏州博物馆

麦类作物的引种，对华夏民族的影响也至为深远。考古学证明，小麦起源于距今 12 000～10 000 年前的西亚，有可能在两河流域的“新月沃地”得到人工栽培，这里也被认为是小麦的遗传多样性中心。我国种植小麦的历史虽然久远，但相较于两河流域等文明而言，仍然较为晚近。新疆地区的孔雀河古墓沟和哈密五堡遗址相继出土了碳化小麦颗粒和碳化青稞穗，近年来的新疆地区吉木乃县的通天洞遗址中也同时出土了距今 5 200 多年的小麦和约 5 000 年前的黍。然而小麦的东传并不是一个一蹴而就的过程，这一定程度上受制于小麦起源地的地中海式气候和东亚地区季风气候的差异，春季降雨量不足，不利于小麦的灌浆，而夏季成熟期多雨易涝，影响小麦的收割。这就大大延缓了小麦传入中土的过程。

追溯文献当中小麦传入中国的历史记载，则不难发现小麦引种的一些痕迹。据《左传 · 成公十八年》所载，“周子有兄而无慧，不能辨菽麦，故不可立。”可见春秋时期，麦类作物已经开始在晋国乃至广大中原地区种植，对小麦的认识也成为农事活动的基本知识。《诗经》中的西周诗，麦仅见于黄土高原的陕西。[1] 因此推断商代种麦，应不是特别广泛，而春秋时期多有言麦者，《左传》等书记载更多。据此也可以推断麦的大规模引进应是在商周之际。可见春秋时期以前，小麦就已广泛引入中国内陆地区。这可以视为是小麦传入的下限。

殷商时期的甲骨文中被解释为与麦作有关的字是“”（来）和“”（麦）。于省吾认为甲骨文中的“麦”是指大麦，而“来”则指小麦。白寿彝在其《中国通史·第三卷　上古时代》上卷中谈到，“卜辞中麦字除后期用作地名外，仅十余见，一条‘食麦’，其余均为‘告麦’，这是为掠夺邻近部落麦田而进行的占卜。”[2] 而甘肃民乐东灰山遗址中麦类作物遗存的出土和发现，则可以将麦类在中国内陆地区的种植向前推溯至距今 4 500 年前。

根据史料记载，我们也可对先周时期来牟的传入进行一番探讨。《诗经·周颂·思文》云：“贻我来牟，帝命率育。”郑玄笺曰：“贻，遗。率，循。育，养也。武王渡孟津。白鱼跃入于舟。出涘以燎。后五日，火流为乌。五至，以穀俱来。此谓遗我来牟。”[3] 又，《臣工》篇：“於皇来牟。”郑玄笺曰：“於美乎赤乌以牟麦俱来。故我周家大受其光明。谓为珍瑞，天下所休庆也。此瑞乃明见于天。至今用之有

① 白寿彝总主编，徐喜辰、斯维至、杨钊主编，《中国通史（修订本）·第三卷　上古时代》（上册），上海人民出版社，2004 年，第 607 页。

② 白寿彝总主编，徐喜辰、斯维至、杨钊主编，《中国通史·第三卷　上古时代》（上册），第 2 版，上海人民出版社，2013 年，第 489 页。

③ 阮元校刻，《十三经注疏·毛诗正义》卷 19，中华书局，2009 年，第 1271 页。

乐岁。五穀丰熟。”[①] 此两段皆言赤乌携五谷而归周王。又有《穆天子传》：“壬申，天子西征。甲戌，至于赤乌之人，亓（古‘其’字）献酒千斛于天子，食马九百，羊牛三千，穄麦百载。”[②] 言祥鸟赤乌归周王实不可信，据《穆天子传》所言应是赤乌之人携五谷以献周天子。那么，赤乌之人到底为何人呢？

《逸周书·王会篇》中有：“丘（按：‘氐’旧作‘丘’）羌鸾鸟”。谓氐羌贡鸾鸟。按黄怀信等的《逸周书汇校集注》中，贾捐之曰：“成王地西不过氐羌。”何秋涛云：“《说文》以鸾为神灵之精，其形似鸡，疑世所传陈仓宝鸡盖似鸾也。岐山以西迫近西戎，故女床之鸾，氐羌得以为献。”[③]《说文》卷四释：“鸾，亦神灵之精也。赤色，五采，鸡形。鸣中五音，颂声作则至。周成王时氐羌献鸾鸟。”[④] 鸾，也就是红色的鸟（一说为红腹锦鸡）。从地望上来讲，古人常谓鸾出女牀，见《山海经·西山经》：“（华阴山）西南三百里，曰女牀之山，……有鸟焉，其状如翟而五采文，名曰鸾鸟，见则天下安宁。”《文选·东京赋》：“鸣女牀之鸾鸟，舞丹穴之凤皇”，薛综亦注云女牀山在华阴西六百里，[⑤] 也就是来自氐羌所居的岐山以西地区。

故此，我们可以推测上文中的赤乌之人极有可能就是氐羌人，史

---

① 阮元校刻，《十三经注疏·毛诗正义》卷19，中华书局，2009年，第1273页。

② 马骕撰，王利器整理，《绎史》卷26，中华书局，2002年，第782页。

③ 黄怀信、张懋镕、田旭东撰，《逸周书汇校集注》下册，上海古籍出版社，2007年，第859–860页。

④ 许慎撰，陶生魁点校，《说文解字》卷4，中华书局，2020年，第121页。

⑤ 郝懿行撰，栾保群点校，《山海经笺疏》，中华书局，2021年，第43页。

料记载中的周代“来牟”应是从岐山以西，现今宝鸡一带的氐羌人处引种过来的。

李根蟠在《中国农业史》一书中说：“新疆迄今是我国麦类种质资源最丰富的地区”“据有关文献记载，西方的羌族有植麦和食麦的传统。据报道，在甘肃民乐东灰山遗址（注：属四坝文化，年代上相当于夏代）发现距今五千年的小麦、大麦和黑麦籽粒，而正是后来氐羌人活动的区域。”① 因此，认为中原地区种植的麦引种自羌族，也可以找到相应的考古学证据。

东灰山遗址出土的小麦遗存最具代表性意义。该研究始于 20 世纪 80 年代中期，由李璠最早在东灰山遗址的碳化谷物遗存中检测到普通小麦（*Triticum aestivum*）和密穗小麦（*T. compactum*）两个品种，通过对采样品的浮选并运用加速器质谱测年方法，最终得出的年代结果为距今 3 600～3 500 年间，属四坝文化时期。而从发掘出的陶器面貌和基本特征判断，民乐东灰山遗址与山丹四坝滩遗址应属同一文化，遗址所采集的碳样本经 ^{14}C 测定为距今 3 490 年 ±100 年，树轮校正年代为距今 3 770 年 ±145 年。② 四坝文化居民的流动性比较强，这与欧亚草原畜牧业为主要生计方式的文化有明显的共同特征，而体质人类学分析则表明，东灰山遗址出土人骨与东亚蒙古类型人种最为接近，这一现象与古羌文化中的齐家文化相似。这些因素共同佐证了羌人在殷商时期麦作引种过程中扮演重要角色。

---

① 李根蟠著，《中国农业史》，台北：文津出版社，1997 年，第 61 页。

② 许永杰、张珑，《甘肃民乐县东灰山遗址发掘纪要》，《考古》，1995 年第 12 期，第 9 页。

除此之外，新疆东部地区、黄河上游的甘青地区、河西走廊的部分地区也都有小麦遗存出土，这些区域也对应了古羌人在殷商时期主要活动的区域。比如青海大通金蝉口遗址、甘肃金塔火石梁遗址和金塔缸缸洼遗址都出土了距今 4 000 年左右的碳化小麦遗存。这些证据都显示出一种羌人主导的西部少数民族引种路径，即自公元前 3000 年，由中亚地区向西经帕米尔高原进入新疆地区，并沿塔克拉玛干沙漠绿洲向西推广，此后以羌人聚居的河西走廊、河湟谷地为重要根据地，向东影响到了陕西扶风周原的先周文化，向南辐射至青藏高原。值得注意的是，藏语中对于青稞的称谓ནས་པ།读作“奈”。与来的上古发音“mrɯːg”也有相似之处。根据吐蕃王朝藏文典籍《世纪明鉴》中的记载，公元 1 世纪左右，藏王布德贡吉在位时，曾“垦平原作田，自湖中引沟渠灌溉，种植庄稼”，又发明水利驱动的水磨加工粮食。[①] 这些灌溉举措和粮食加工方法显示出该地区已经有较为成熟的青稞种植加工经验。

要言之，距今 6 000～4 000 年前的古羌人最早完成了从播植百谷到选择优势作物、相地制宜的种植业技术发展历程，是西北地区较早开始播种麦类作物的民族，相关考古证据表明，粟、黍、稷、麻等北方旱作农业的代表性作物这一时期都已经出现在羌人的食谱上，这些技术一度传播并影响到中原地区。在全球气候干冷期的影响下，为应对环境给农业文明带来的冲击性破坏，羌人选择了种植、畜牧、采集渔猎等多种兼营的生产方式来维持生计，并在这一过程中逐渐由定居

① 冯宗云主编，《徐廷文大麦学术文集》，四川科学技术出版社，2006 年，第 114 页。

生活，转向了机动性更强的半游牧生活。

第三节　春秋战国时期的农牧分野与再塑

春秋战国时期，羌人经历了中原的排外过程，也就是历史上的“尊王攘夷”，内迁入中原的羌人（更大范围上应该还包括戎人）或被中原文明同化或被迫向外迁徙。

自平王东迁，周室衰微，礼崩乐坏，方国纷争。春秋战国这一时期，是后世所谓民族杂居的时期，然而此时的民族从某种意义上来讲还只能算作经由一些有势力的氏族部落发展起来的方国，可能还不具备民族的一些基本特征和要素，只是因为他们在生产生活方式上同中原（周王室）有着或多或少的差异，社会经济发展相对落后，很大程度上保持了自身发展的独立性，得不到中原民族或以中原民族自诩的方国的认同，因而被冠以“戎狄蛮夷”的称谓。此后掀起的一系列“尊王攘夷”运动，正是一些自诩为正统的诸侯方国打着保卫周王室的旗号，一方面尽最大可能攫取利益，满足自身扩张；另一方面对这类“非正统”的方国进行清排。另外，春秋战国时期也是中国农业从点状分布到区域化经营的一个重要转折期，正是经由这一系列的“清排”“扩张”运动，从客观上助推了农业转而向区域化的发展。

樊志民在《秦农业历史研究》中认为：

“当时的历史文献中所见诸戎，大致可以分为三种情况：其一，以猃狁、犬戎相称者，他们漫无栖止，名寓贬意，游牧经济特征比较明显，社会发展阶段比较落后。他们即使进入华夏农区，‘终非能居之’，他们是以‘取周赂’为目的，乘战乱之机，对富庶的关中农区进行掠夺、骚扰，其破坏性是比较严重的。其二，是长期散居关中周围地区，并以其所居地区命名的诸戎，如邽戎、冀戎、义渠戎、原戎等。这些戎族部落‘因地殊号’，有着比较固定的活动地域。基本上活动于陇山东西、泾洛之间。他们所居地区因和关中农区距离远近不同而显示出一定差异，但大多宜农或农牧兼营。……这些戎狄部落由于在生产条件上处于劣区，其社会经济发展水平仍与宗周地区存在差距。他们觊觎关中地区良好的生产条件，进入关中之目的是占有其土地和人民。它们用原有生产方式经营关中农业，会给既有生产进程带来逆转。但是由于并不具备严格的农牧对立含义，其破坏烈度相应也会小一些。其三，是一些久居关中的戎姓方国，具有比较悠久的历史，保持了与周秦大致同步的社会发展水平。”而针对三种不同的戎族，秦也采取了相应的民族政策：“对第一类戎族，秦人采取了攻、逐、伐等比较激烈的斗争方式，使这部分力量很快就撤出了关中农区；对关中周边诸戎，采取占有其地，保留其部族首领，利用其原有统治机构与方式，迫使其承认与秦之从属关系。……秦以戎治戎，用这种比较平和的办法缓解了秦戎之间的对立，有利于促进民族融合、经济发展。对久居关中诸戎姓方国，秦则采用灭其国，同化其民的方法。这些戎姓方国，虽仍称之为戎，但其社会经济发展水平与周、秦并无多大差异。所以当其国被灭之后，其臣民迅速融入秦族，与留居关中的‘周余民’一道事秦，成为初秦时期关中居民的主体构成之一。关中诸戎姓方国，除了大荔戎因居于秦、晋（魏）之隙地，时而服秦，时而归晋（魏），得以残存至战国初年外，其余诸戎姓方国名称皆已成为历史陈迹，在关中已是秦、戎莫辨了。”①

从以上征引的论述中，我们亦可窥见这个排外的过程。秦穆公三十四年，戎人遣使者由余入秦，秦王借此机会讯问戎人地形与兵势，并谴女乐离间戎王与由余关系。秦穆公三十七年，“秦用由余谋，伐戎王，益国十二，开地千里，遂霸西戎。”② 此后，秦厉公灭大荔戎，赵国灭代戎，韩魏两国灭伊雒、阴戎，中原地区除了义渠戎尚在，其他各族均被涤荡殆尽。

需要略做强调的一点就是，“许多学者都指出，西周至春秋时代戎狄并非纯游牧人群，在应对生存竞争之迁徙中，他们视当地环境而从事不同的生业”。③ 此后，这些非正统的方国或被驱逐出中原优势农区，或被融合于中原民族从而进一步“汉化”。被赶出优势农区的方国仅能在农牧交界线以外生存，囿于其生存地的自然地理条件，他们渐渐弱化了农耕在生产结构中的比重，继而形成了如乌桓、鲜卑、乌孙、丁零、西羌等少数民族，在汉代时不断侵扰边疆地区。

农牧格局的对峙重新形塑了周王朝与其周边少数民族的关系，同时也不断塑造了民族冲突中以农业活动、生活习俗为外在表征的民族认同。王明珂在对周人起源传说的结构性分析中指出：

---

① 樊志民著，《秦农业历史研究》，三秦出版社，1997 年，第 31–32 页。
② 司马迁撰，《史记》卷 5，中华书局，1982 年，第 194 页。
③ 王明珂著，《游牧者的抉择——面对汉帝国的北亚游牧部族》，广西师范大学出版社，2008 年，第 81 页。

> 周人以“农业”“定居”与“爱好和平”（或以德服人）来划定他们与另一些人（戎狄）的族群边界。因此无论这个族源传说中有几分历史真实，它的主要意义都在于：一群人以此族源“历史”作为集体记忆来凝聚本群体。即使这族源叙事的内容主要也是根据周人记忆中的一些历史事实，但这记忆也是一种选择性记忆。以这种选择性历史记忆，一个人群选择并强调他们的文化特征，以设定他们与另一些人的族群边界。①

在周朝建立之初，对于协助自己推翻商王朝的姻亲兄弟，周王朝仍能体现出“怀柔政策”。一方面，我们看到《荀子·君道》称周公：“兼制天下，立七十一国，姬姓独居五十三人，周之子孙，苟非狂惑者，莫不为天下之显诸侯”，② 姜姓部族获得大量分封。另一方面，周王朝默认氐羌部族占据渭水沿岸的丰沃土地，并允许他们称王。西周时期青铜器铭文中所记载的夨国、散国都是世代生活在渭水流域的姜（羌）姓部族，此外，关内和陇西地区还有关中周原的姜氏城、陇西北部的义渠国等许许多多羌戎建立的方国。在周朝建立的很长一段时间内，姜姓、姬姓仍然靠婚姻维持着贵族部落间的联盟。

到周幽王时，氐羌诸戎与周王室的关系已经明显恶化。《史记·周本纪》称：“申侯怒，与缯、西夷、犬戎攻幽王。……遂杀幽王骊山下。”③ 华夷杂处的情况此时不再被视为是常态，反而成为礼

---

① 王明珂著，《华夏边缘：历史记忆与族群认同》，上海人民出版社，2020 年，第 246 页。
② 王先谦撰，沈啸寰、王星贤点校，《荀子集解》卷 8，中华书局，1988 年，第 243 页。
③ 司马迁撰，《史记》卷 4，中华书局，1982 年，第 149 页。

崩乐坏的标志。《左传·僖公二十二年》："初，平王之东迁也，辛有适伊川，见被发而祭于野者，曰：'不及百年，此其戎乎！其礼先亡矣。'"① 羌戎诸部族被裹挟进入诸侯与周王室之间的新一轮冲突中，也成为矛盾冲突的爆发点。周襄王二年（公元前650年），王子带召引扬、拒、泉、皋和伊洛的戎人一起进攻周朝都城，进入都城后，谋杀襄王，将矛盾再一次激化。

《后汉书·西羌传》将这一情况描述为"及平王之末，周遂陵迟，戎逼诸夏，自陇山以东，及乎伊、洛，往往有戎"，② 将问题的症结归因为西北少数民族进逼和蚕食中原。这种具有强烈"尊王攘夷"色彩的说法漠视羌姜部族共同伐商，分封诸侯的历史渊源，而强化了夷夏冲突中的历史性矛盾。这种叙事所引发的另一个问题就是周人要强化自己从事"农业"活动的文化认同，同时否定羌人早期对华夏民族农业文明的重要贡献。最终将羌人定义为《后汉书·西羌传》中"西域牧羊人"的历史文本和典范叙事。

客观来说，这种对于文化表征的形塑作用是双向的。《礼记·王制》称："东方曰夷，被发文身，有不火食者矣。南方曰蛮，雕题交趾，有不火食者矣。西方曰戎，被发衣皮，有不粒食者矣。北方曰狄，衣羽毛穴居，有不粒食者矣。"③ 且不说这样的民族划分粗疏笼统，并不符合我们对于族群概念的认知。但就准确性而言，《礼记》中的划分与其说符合客观事实，更不如说是身处华夷之辨影响下的中原士

① 阮元校刻，《十三经注疏·春秋正义》卷15，中华书局，2009年，第3936页。
② 范晔撰，《后汉书》卷87，中华书局，1965年，第2872页。
③ 阮元校刻，《十三经注疏·礼记正义》卷12，中华书局，2009年，第2896页。

大夫对于遥远异邦的想象。其目的，则在于排除经常迁徙的、不以种植为主要生业的人群。

《左传·襄公十四年》记载，晋国在与诸国会盟时，抓捕姜戎族驹支，并列数其罪状，意欲取消戎人参加会盟的权利。戎子驹支面对范宣子的无理指责，列举了戎人为晋国开辟南方土地、协助晋国抵御秦兵的功绩。最后，戎子驹支说："我诸戎饮食衣服不与华同，贽币不通，言语不达，何恶之能为？"①足见戎子驹支也在与华夏的交流中形成了自我认同和对于他者的区分。而这种区分体现在饮食衣服这样的文化表征上。

而事实上，驹支所述却隐含了戎人帮助晋南的历史，羌戎剪除荆棘，驱离虎豹豺狼，开发荒地。伊洛地区成为富饶丰穰的良田，与姜戎的开荒有必然关系。姜戎受秦人驱赶，沿渭水南下，靠着晋国给予的安身之地而生存下来，也必然要以定居的种植业作为主业。但从经济形态上来讲，驹支所代表的姜戎与晋国人并没有本质区别。

《后汉书·西羌传》中对于无弋爰剑的历史叙述也充满了中原对于异邦的想象：

> 羌无弋爰剑者，秦厉公时为秦所拘执，以为奴隶。不知爰剑何戎之别也。后得亡归，而秦人追之急，藏于岩穴中得免。羌人云爰剑初藏穴中，秦人焚之，有景象如虎，为其蔽火，得以不死。既出，又与劓女遇于野，遂成夫妇。女耻其状，被发覆

① 阮元校刻，《十三经注疏·春秋左传正义》卷32，中华书局，2009年，第4246页。

面，羌人因以为俗，遂俱亡入三河间。诸羌见爰剑被焚不死，怪其神，共畏事之，推以为豪，河湟间少五谷，多禽兽，以射猎为事，爰剑教之田畜，遂见敬信，庐落种人依之者日益众。羌人谓奴为无弋，以爰剑尝为奴隶，故因名之。其后世世为豪。

在这段故事中，无弋爰剑被描述为带领羌族由采猎生活过渡到农牧兼营生产方式的重要引导者。其背后隐含的逻辑是：生活在河湟地区的羌族到战国初期仍然采取生产力水平低下的采集渔猎生产方式，因为无弋爰剑被秦人拘为奴隶，才从秦人那里学会了耕种和养殖技术。

有趣的是，这段被列入《后汉书·西羌传》的历史文本竟然与今天羌族地区仍在流传的民间神话故事——“燃比娃取火”有惊人的相似之处。该故事有多个版本，但无一例外都提到了燃比娃火烧不死的神迹，以及带领羌人繁衍生息的故事。在今天羌族地区流传的神话版本中，无弋爰剑和秦人之间争夺资源的矛盾，转化成为人与天神（自然地理环境）之间的矛盾。

大约在西周早期，晚于齐家文化的卡约文化、辛店文化、诺木洪文化表现出较强的游牧特征，比如制作粗糙的夹砂陶罐，生产工具以刀、斧、簇为主，遗址中多见牛、羊、马、骆驼骨骼，卡约文化出现了牛羊殉葬的情况，诺木洪文化遗址中发现了大量羊粪堆积，充分说明了当时畜牧业的发达程度。

在自然地理条件较为优渥的地区，比如青海湟中县潘家梁遗址出土农具数量与狩猎工具等量齐观，说明这一地区的种植业与畜牧业的比重仍较为均衡。而在自然环境较差、时间更为晚近的地区，经济特点则明显以畜牧业为主。比如青海湟源县大华中庄卡约墓地出土的随葬品中，陶器数量少，半数墓葬没有陶器出土。生产工具以畜牧狩猎和纺织使用的铜矛、铜刀、石斧、石锤、铜制或骨制箭镞、石制或骨制纺轮为主，马牛羊狗等动物随葬的情况较为普遍。

整体来看，在经历距今 6 000～4 000 年前气候干冷期的变化后，羌人已经逐渐完成了由种植业向游牧经济的转型。马家窑文化和齐家文化的遗存中都表现出比较发达的农业经济因素，到青铜器时代的辛店文化和卡约文化时，畜牧经济因素明显增长。分布在西宁附近、时代较早的卡约文化，以半农半牧作为其经济特征，分布在西宁以西的卡约文化，则以游牧为主。卡约文化在青海地区一直到汉代，晚期的卡约文化反映的畜牧为主的经济因素更加突出。[①] 而这一时期与春秋战国尊王攘夷的民族认同也是相对应的。也就是说，古羌人在经历了从种植业到半农半牧，再到游牧的转型之后，恰逢中原民族以农耕、粒食作为民族认同和区分他者的文化表征。于是对于羌“西戎牧羊人也”和河湟羌人“以畜产为命”的刻板印象由此固定下来。事实上，我们在对汉代羌族的历史性考察中将会发现，被中原王朝挤压在河谷地区的羌人，一直采取种植业和畜牧兼营的生产方式，只是在面对不同的自然地理环境时，他们会应对环境做出调整。在羌人与中原王朝产生激烈对峙的两汉时期，羌人也一直过着半农半牧的生活，这是我们下一章将要详细讨论的问题。

---

① 尚民杰，《对青海史前时期农牧因素消长的几点看法》，《农业考古》，1990 年第 1 期，第 122-125 页。

第二章 耕畜并行：汉代羌人农业生产情况

秦汉时期比较重要的特征是羌人与中原不断发生冲突，这种冲突不仅表现为战争，也表现为羌人在中原文明压力下的迁徙。因此，这一时期史书中的记载多是频繁出现的汉羌战争，以及秦厉公时期的无弋爰剑奔逃和各时期羌人的迁徙。而岷江上游的这批羌人很可能就是在汉代迁入岷江流域的。

从考古资料来看，学界普遍认为，岷江流域的石棺葬文化属于西汉时期羌氐人的文化遗存。[①]释比经《吉页》中也有“戈基石板把风拦”的记载。

1938 年，著名历史学家冯汉骥在任教四川大学时，曾亲赴岷江上游羌区考察，历时三月，备受艰险，获取大量民族学资料，并在汶川萝卜寨清理一座石棺葬（SLM1），其后发表的《岷江上游的石棺葬》是西南民族考古的里程碑式成果。该报告提出：从推断年代来说，当以半两钱为最重要。编号为 SLM1 共出半两钱一百三十一枚，包括吕后时铸行的八铢半两和文帝时铸行的四铢半两两种。不见秦半两，亦无五铢钱。所以这一墓葬的相对年代不能早过文帝行四铢半两以前（即公元前 175 年以前）和晚过武帝发行五铢以后（即公元前 118 年以后）。冯汉骥还指出，“墓中已出现铁器，是战国秦汉迁到此处。且为较发达的农耕文明”。[②]

① 冉光荣、李绍明、周锡银著，《羌族史》，四川民族出版社，1985 年，第 204-207 页；《茂汶羌族自治县概况》编写组编，《茂汶羌族自治县概况》，四川民族出版社，1985 年，第 11 页；王明珂著，《羌在汉藏之间：川西羌族的历史人类学研究》，中华书局，2008 年，第 255 页。

② 冯汉骥著，《冯汉骥考古学论文集——岷江上游的石棺葬》，文物出版社，1985 年，第 32 页。

西汉吕后时期铸八铢半两

庄学本《羌戎考察记》记载了两种传说：

若干年前，西方有“子拉”“固拉”两国，邦交不睦，常常的起冲突，最后的一次战争，子拉节节败退，国土丧失几尽；于是收了些败军残卒，放弃国土，向山中逃去，一面向天祷告。天神告诉他们“子拉不亡”他们遂继续前进，走了三年三月，才到现在的地方，生殖繁衍，又成部落。当时的子拉就是现在的西羌。“拉”为国字的译音。

纪元的前后——汉时——这一带都是西羌的领域，常常兴师作乱，进窥中原，后来被汉朝的皇师进剿，不敌西窜。汉朝占领以后，就移打箭炉附近的白兰族来此填补，教以屯垦，所以现在的羌民，在字义上应称为“白兰羌”。但萝卜寨的羌民又称白狗羌。不知何故？大约“子拉”和“固拉”（羌语中拉是“国”意）就是指羌戈大战。[①]

《汉书·武帝本纪》中记载，汉元鼎六年（公元前111年）汉武帝遣李息率军镇压先零等羌，始置“护羌校尉”，汉族人民移居湟中一带。设置汶山郡、武都郡、沈黎郡。汉武帝元鼎元年（公元前116年）置广柔县，旧治在今四川汶川县西北约25千米，属汶山郡，辖境盖有今四川汶川、理县、北川及茂县、都江堰市部分地区。宣帝地节三年（公元前67年），撤销汶山郡，改隶蜀郡。东汉安帝延光三年（公元124年），复设汶山郡，仍属之。蜀汉、西普、成汉、东晋因之。刘宋废。

综上所述，文献资料与民族志资料考古学资料共同呈现的是，汉代羌民族的一支被迫迁居川西地区，在打败了具有先进农业文明色彩的戈基人之后，居于此地。

像匈奴这样典型的游牧民族一样，两汉时期的羌人也给汉帝国带来了极大的困扰。东汉以降，汉帝国日渐衰弱的国力，加之连年的自然灾害已经无法重塑武帝时的帝国影响。赵充国的屯田计策一方面在西北地区的开发史上起到了积极的作用，另一方面也激化了汉羌之间的矛盾，使得不同生产方式和各自的文明体系加深了彼此之间的矛盾，汉羌两者的交锋越来越频繁。

① 庄学本著，《羌戎考察记》，上海良友图书印刷公司，1937年，第137页。

羌人“兵刃朴钝，弓弩不利”，战斗力并不强。羌地本不产铁，而汉代对盐铁的管制也十分严格，居延汉简中有禁止羌人“入塞买兵铁器”的记载①。汉元帝时，冯奉世评价羌兵之战斗力，认为：“然羌戎弓矛之兵耳，器不犀利，可用四万人，一月足以决”，② 汉安帝永初年间，先零别种滇零寇略陇西，“时归附既久，无复器甲，或持竹竿木枝以代戈矛，或负板案以为盾，或置铜镜以象兵，郡县畏懦不能制”。③ 即便如此，羌人虽并不像北方草原上的铁骑那样来势汹汹，其对汉王朝的侵扰却贯穿了整个东汉。

史家范晔在《后汉书·西羌传》中连连慨叹：“兵连师老，不暂宁息。军旅之费，转运委输，用二百四十余亿，府帑空竭。延及内郡，边民死者不可胜数，并、凉二州，遂至虚耗。”④ “自永和羌叛，至乎是岁十余年间，费用八十余亿。……士卒不得其死者，白骨相望于野。”⑤ 事实上羌人正是凭借不利之弓弩、朴钝之兵刃，拖垮了汉代的国力，并最终促成了帝国的衰亡。

第一节　汉羌战争所反映的羌族的农业生产周期

两汉的史料着重于对汉羌之间战争的记录，这些记录客观上反映了羌人的农业生产周期。正如《后汉书·西羌传》对羌人生业的概

① 甘肃省文物考古研究所、甘肃省博物馆、文化部古文献研究室等编，《秦汉魏晋出土文献——居延新简　甲渠候官与第四燧》(简文编号：EPT5：149)，文物出版社，1990 年，第 27 页。

② 班固撰，颜师古注，《汉书》卷 79，中华书局，1962 年，第 3296 页。

③ 范晔撰，《后汉书》卷 87，中华书局，1965 年，第 2886 页。

④ 范晔撰，《后汉书》卷 87，中华书局，1965 年，第 2891 页。

⑤ 范晔撰，《后汉书》卷 87，中华书局，1965 年，第 2897 页。

述，“所居无常，依随水草。地少五谷，以产牧为业”“少五谷，多禽兽，以射猎为事”，[①] 另外，史料中也不乏对羌人从事种植业的记述。故而羌人在从事牧业之外，也从事耕作、狩猎、掠夺等辅助性产业。这就使得羌人的生产周期具有一定的独特性，与以主要从事耕种的汉民族和从事游牧业的匈奴不同，它的农业生产周期是种植业与牧业生产相互作用而形成的结果。

根据王明珂在《游牧者的抉择——面对汉帝国的北亚游牧部族》一文中所整理的“史籍所见羌入寇汉帝国之发生季节”表[②]，我们将史料中对羌乱（由羌人主动劫掠而引起的战乱）的记载加以整理，将表的内容予以扩充，并对一些地方重新进行了考订。经整理之后发现，见诸史料记载的羌乱西汉年间共计 6 次，其中见于《汉书》记载的共 5 次，能够确定羌乱发生年月的共 3 次；东汉年间见诸史料的羌乱共计 47 次，其中能明确羌乱发生年月的共 45 次。两汉期间的羌乱共计 53 次，能够明确羌乱发生年月的共计 48 次。

掠夺是游牧民族的辅助性生业，如《后汉书 · 西羌传》中所述：“强则分种为酋豪，弱则为人附落。更相抄暴，以力为雄。”[③] 羌人所劫掠的对象非常广泛，规模也大小不一，其中包括如下表所见的大规模侵扰汉帝国的边郡、周边其他少数民族以及羌人的不同种落。敦煌悬泉出土的汉简资料中即有《案归何诬告驴掌谋反册》，其中详细记述了九月中，羌人驴掌等十余人抢夺羌人归何马四十匹、羊四百头，后

① 范晔撰，《后汉书》卷 87，中华书局，1965 年，第 2875 页。

② 王明珂著，《游牧者的抉择——面对汉帝国的北亚游牧部族》，广西师范大学出版社，2008 年，第 177 页。

③ 范晔撰，《后汉书》卷 87，中华书局，1965 年，第 2869 页。

史籍所见两汉羌乱发生时间表

季	月	战争频次	羌乱发生年份	文献来源	备注
春	正月	3	顺帝永和六年、桓帝延熹三年、永康元年	《后汉书》卷6、卷7	闰正月2次
	二月	2	安帝永初五年、顺帝永建元年	《后汉书》卷5、卷6	
	三月	7	元帝初元五年、安帝永初四年、元初二年、永宁元年、顺帝建和二年、桓帝延熹五年、灵帝中平二年	《汉书》卷76,《后汉书》卷5、卷6、卷7、卷8、卷77	
夏	四月	2	光武帝建武十一年、桓帝永康元年	《后汉书》卷1、卷7	
	五月	4	安帝元初元年、顺帝永和五年、永和六年、桓帝延熹四年	《后汉书》卷5、卷6、卷7	
	六月	4	章帝建初二年、安帝永初元年、永宁元年、延光元年	《后汉书》卷3、卷5、卷77	
秋	七月	5	元帝永光二年、章帝章和元年、顺帝阳嘉三年、桓帝延熹五年、延熹八年	《汉书》卷9,《后汉书》卷3、卷6、卷7	
	八月	4	和帝永元九年、永元十三年、安帝建光元年、献帝兴平元年	《后汉书》卷3、卷4、卷9、卷87	闰八月1次
	九月	5	武帝元鼎五年、光武帝中元二年、安帝元初元年、顺帝永和五年、永和六年	《汉书》卷6,《后汉书》卷1、卷5、卷6	
冬	十月	5	光武帝建武十年、章帝元和三年、顺帝永和三年、桓帝延熹四年、桓帝永康元年	《后汉书》卷1、卷3、卷6、卷7	
	十一月	5	安帝永初二年、顺帝阳嘉三年、桓帝延熹三年、桓帝延熹五年、灵帝中平元年	《后汉书》卷5、卷6、卷7、卷8	
	腊月	2	和帝永元四年、桓帝延熹二年	《后汉书》卷3、卷7	

未确定具体年月的羌乱有：宣帝地节三年，武都羌乱（见于《华阳国志》卷三）；宣帝神爵元年春？月，金城羌乱（见《汉书》卷八）；王莽居摄元年，西海羌乱（见《汉书》卷六十九）；光武帝中元元年，武都羌乱（见《后汉书》卷一）；和帝永元十二年，金城羌乱（见《后汉书》卷三）

资料来源：《游牧者的抉择——面对汉帝国的北亚游牧部族》《汉书》《后汉书》《华阳国志》。

归何诬告驴掌等谋反的案件。①

劫掠虽然被视为生业的一个组成部分，但其存在也必然不能与其基本的农事活动相抵触。尽管下图所罗列的两汉各个时期羌乱发生的诱因并不一致，有其偶然因素，其中如边吏的压榨、东汉末年频繁的自然灾害，甚至一些文化差异导致的冲突等。但在维持生存的情况下，羌人的外出劫掠从根本上不能背离游牧与农耕两大生产本业。

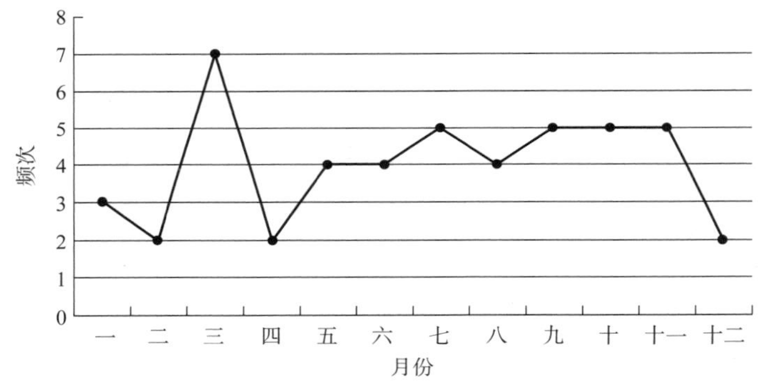

两汉羌人劫掠时间图

由两汉羌人劫掠时间图上可以看出，羌人对汉发动劫掠的时间在农历五月至十一月之间相对比较平均，也即夏季中旬至冬季中旬之间。这段时间羌人的生存状况是比较稳定的。生存环境虽然算不上优越，却也是一年当中最为舒适的，在没有受到大灾害的情况下，起码可以维持生存，并有盈余。此时的羌人在既能保证自身本业不受到影响的情况下，将对外的劫掠作为一种副业。

① 张德芳，《悬泉汉简羌族资料辑考》，《简帛研究 2001》（上册），广西师范大学出版社，2001 年。（简文编号：Ⅱ 90DXT0114 ③：440）

进入寒冬时节的十二月，羌人发动进攻的次数明显减少，说明此时羌人的进攻能力是比较弱的。对羌人而言，这一段时间内生存的压力较大，入冬之后，由于缺乏新鲜的草料，畜产羸弱，照料牲畜成为羌人主要的农事活动；而由于他们生存的区域在陇西地区高山河谷之间的高海拔地区，因此又不得不面对食物的困乏和寒冷的侵袭。尽管在中原地区，寒冬正是农闲时节，但对于游牧民族，这一时段是相当难熬的。粮食作物无论是春种秋收、还是秋种夏收，入冬之后，都会较为匮乏，尤其对于小规模耕种的游牧民族更是如此，上一年积攒下来的粮食和乳酪仅够维持生存，就必须充分节省加以利用，如果这期间遭遇天灾，则会对羌人的种族延续产生重大的打击。

这种情况一直维持到春末，到三月，羌人劫掠汉边的次数陡然上升，并达到一个最高的频次。气候上来看这并不是一个最舒适的时节，畜产也并没有从冬季严寒造成的羸瘦中恢复。这时节战争频次的陡然升高，似乎说明这一时期的农事活动是一年之中较为清闲的时节，正因为生存压力还没有明显的好转，外出劫掠成为一种迅速获得财富与食品的方式，从一定程度上可以缓解这一窘迫的境况。

进入四月，羌人的进攻次数又有回落，羌人的生存境况已经开始好转，这种蛰伏像是一种积蓄力量的体现，羌人开始为他们一年当中最稳定也最活跃的时节忙碌地做准备。需要从事的农事活动较多，可能是战争频次低的原因之一。另外，此时外出劫掠并不具有多大的意义，因为对于以从事种植业为主的汉人来说，此时正是青黄不接的时候，他们无法提供给羌人食物与财富，而攻城略地也不是羌人想要达到的目的。

相比匈奴这样典型的游牧民族而言，羌人恋土的情结比较重，虽不断迁徙，却又一再回到他们熟悉的生活环境中，从两汉的史料当中能够找到一些证据。《后汉书·西羌传》记载汉武帝时开河西四郡，隔绝羌胡，将先零羌人赶往湟水西南，“依西海盐池左右”，汉宣帝时，光禄大夫义渠安国行视诸羌，先零种豪言：“愿得度湟水，逐人所不田处以为畜牧”，意在北渡湟水、回其原地；王莽即位后，取得西海之地，史书上记载是诸羌“共献”。[①] 但王莽败绩之后“众羌遂还据［西海］[②] 为寇”；汉和帝永元五年，迷唐部在大小榆谷受到汉人的威胁，而后整个部落远依赐支河曲。永元十二年，兵力衰耗的迷唐部不足两千人，因为汉兵在大小榆谷造河桥，迷唐部不肯还，最终在永元十三年又回到了赐支河曲；《后汉书·西羌传》载永建二年“犀苦诣皓，自言求归故地，皓复不遣”。[③]

这种习俗与羌人的农业生产是密不可分的，汉代西羌所居的地区，如令居、允街、临羌、破羌、陇西、金城、枹罕等地，[④] 都是位于高山河谷地带，海拔大多在 1 000～2 000 米，这些地区土地肥沃，水草丰美，宜农宜牧，有天然的灌溉条件，又有河流冲击的肥沃土壤。“缘山滨水，以广田畜”“牛羊衔尾，群马塞道”。境内物产丰饶，鸟兽繁多，“有西海鱼盐之利”，[⑤] 又多有特产，两汉时期冠以羌名的物产

① 范晔撰，《后汉书》卷 87，中华书局，1965 年，第 2877 页。
②《后汉书》原文本无“西海”二字，为唐李贤等人补注。
③ 范晔撰，《后汉书》卷 87，中华书局，1965 年，第 2894 页。
④ 关于两汉时期西羌的聚居地，参见王宗维《两汉西羌部落考》，《西北历史资料》，1981 年第 2 期，第 16 页。
⑤ 范晔撰，《后汉书》卷 87，中华书局，1965 年，第 2885 页。

有如《抱朴子》中所言“羌里石胆”,[①] 刘向《列仙传》中所言“羌活”等。[②] 同时，由于位于河谷地带，土地承载力又十分有限，造就了羌人充分利用地利环境的能力。基于以上的分析，下面就文献以及部分考古资料对羌人的农业生产进行一个月令图式分析。

第二节　羌族农业月令式分析

对于羌人而言，冬季至二月是一年当中最难以渡过的时节。这期间他们最主要的任务是照料牲畜。《汉书・赵充国传》记载，“从今尽三月，虏马羸瘦，必不敢捐其妻子于他种中，远涉河山而来为寇”。[③] 赵充国写就这段文字的时间是在上书汉宣帝言屯田十二便之后，上屯田书之后又接到汉宣帝回复的诏文，赵充国再次上奏汉宣帝，期间文书又传递了一个来回。《汉书・宣帝纪》中的记载，“(神爵元年) 秋……后将军充国言屯田之计”，[④] 联系游牧民族的农业生产周期，可见诏书应该是在神爵元年秋季之后的初冬季节。也就是说从整个冬季到春季的羌人仍然以前一年秋季所积蓄的粮草来喂马，而经冬之后的马匹非常瘦弱。另外，“不敢捐其妻子于他种中”这一点也充分说明这一时期的羌人生存资源非常有限，不可能负担他种别枝的外来族裔。这一情形正如巴菲尔德在《危险的边疆——游牧帝国与中国》中所描述的那样，“冬季的牧场刚好只够维生，在放养的条件下，牲畜

---

① 葛洪著，王明校释，《抱朴子》卷 16，中华书局，1985 年，第 287 页。
② 范晔撰，《后汉书》卷 76，中华书局，1965 年，第 2854 页。
③ 班固撰，颜师古注，《汉书》卷 79，中华书局，1962 年，第 2989–2990 页。
④ 班固撰，颜师古注，《汉书》卷 8，中华书局，1962 年，第 261 页。

掉膘很多。”[①]

在神爵元年的羌乱中，辛武贤制定的计策是秋初进兵，速战速决，而冬季复击之。原因是“至秋冬乃进兵，此虏在境外之策，今虏朝夕为寇，土地寒苦，汉马不能冬”[②]赵充国制订了正月击羌的计划，则避开了汉马不耐冬的劣势，同时也很好地利用了羌人的冬季畜产羸弱、生存资源贫乏这个弱点。

冬春两季对于养羊的羌人而言，还有一项极为重要的工作，即为牲畜的繁育做好准备。冬末春初作为产羔期是最好的，北魏时，人们已经知道这个道理，《齐民要术·养羊第五十七》认为腊月、正月出生的羊是最好的，其次是十一月、二月，除此之外出生的羊“毛必焦卷，骨髓细小”。[③]《齐民要术·养羊第五十七》介绍说，八九十月出生的羊虽然能够赶上秋肥时节，但到了冬末，母乳竭、春草未生，很难长好；而三四月出生的羊，虽能赶上春草，但羊羔并不能食用，只靠晒热的母乳维持，也不好；五六七三个月份羊羔热、牧羊也热，是最差的。[④]

二月仲春时节，羌人中种植禾谷的就要开始春种，东汉许慎所著的《说文解字》释“禾”为:“嘉谷也，二月始生，八月而熟”，[⑤]而东汉崔寔所著的《四民月令》中说：“二月……阴冻冰释，可阴冻毕释，

① 巴菲尔德著，《危险的边疆——游牧帝国与中国》，凤凰出版传媒集团、江苏人民出版社，2011 年，第 30 页。

② 荀悦撰，张烈点校，《汉纪》卷 19，中华书局，2002 年，第 329 页。

③ 贾思勰著，石声汉校释，《齐民要术今释·上册》，中华书局，2009 年，第 551 页。

④ 贾思勰著，石声汉校释，《齐民要术今释·上册》，中华书局，2009 年，第 551 页和第 566 页。

⑤ 许慎撰，陶生魁点校，《说文解字》卷 7，中华书局，2020 年，第 220–221 页。

可菑美田、缓土及河渚小处。可种稙禾、大豆、苴麻、胡麻。……三月……时雨降，可种秔稻及稙禾、苴麻、胡豆、胡麻。”①春种的作物需在此时进行播种，《后汉书·邓训传》载：邓训发兵击迷唐“迷唐乃去大、小榆，居颇岩谷，众悉破散。其春，复欲归故地就田业……”。②

许倬云在《汉代农业——中国农业经济的起源及特性》对汉代粮食作物进行了分析，综合考古资料和历史文献，对谷物种类做了统计，主要有禾、稻、豆、麻、黍、麦及其各自的亚种，而其中“汉代最重要的谷物是禾与麦”③，我们在河西地区出土的简牍中最经常见到的有“粟、麦、大麦、穬麦、穄稈、黍、稷、秫、糜、胡豆”④。从考古发掘情况来看，河西地区的考古遗址中出土的粮食主要有“大麦、小麦、糜、谷、青稞、麻子、荞麦、小豆、黑豆、豌豆、扁豆”等⑤。而史籍里记载汉兵战胜羌人所得到的战利品有两类：“谷”与“麦”。如《后汉书·窦融列传》记载，更始年间，先零羌封何诸种劫掠金城，窦融等进击封何，“大破之，斩首千余级，得牛马羊万头，谷数万斛，因并河扬威武”；⑥《后汉书·西羌传》载：汉和帝永元五年，冬十一月贯友“攻迷唐于大小榆谷，获首虏八百余人，收麦数万

① 崔寔撰，石声汉校注，《四民月令校注》，中华书局，2013年，第20页。
② 范晔撰，《后汉书》卷16，中华书局，1965年，第610页。
③ 许倬云著，《汉代农业——中国农业经济的起源及特性》，广西师范大学出版社，2005年，第77-87页。
④ 何双全，《居延汉简所见汉代农作物小考》，《农业考古》，1986年第2期，第252页。
⑤ 魏晓明，《汉代河西地区的饮食消费初探》，《农业考古》，2010年第4期，第249页。
⑥ 范晔撰，《后汉书》卷23，中华书局，1965年，第804页。

斛”。[①]“麦”主要可以包括“大麦”“荞麦”“穬麦”等种类，而“谷”是总称，文献中称“谷”可能粮食种类多，包括粟、黍、稷、秫、糜以及豆类等。汉代的水稻种植仍集中在南方地区，因此尽管拥有便利的自然灌溉条件，羌人种植水稻的可能性亦不大。这大约可以反映出河西地区羌人的农业种植活动。

三月，农事活动较少，可以让牲畜开始进行交配，《礼记·月令》云：“季春之月，乃合累牛腾马，游牝于牧”，[②]意为三月，让牛马交配，让发情的母兽在放牧时散开，以保护受孕的母兽。这些事项在《齐民要术·养牛马驴骡第五十六》同样有记载。

四月应是羌人出冬场的时间，这时是春草刚刚长成得到时节，《汉书·赵充国传》中记载，赵充国给汉宣帝的《上屯田奏》中提及：“至四月草生，发郡骑及属国胡骑伉健各千，倅马什二，就草，为田者游兵。以充入金城郡，益积畜，省大费。”[③]而四月春草萌生之后，由于经冬的牲畜掉膘很多，因此羌人们需要离开冬季避风向阳的山坡，[④]继而转入春场。牲畜在春场中开始恢复体力并育肥，《齐民要术·养羊第五十七》说：“白羊三月得草力，毛床动，则铰之。”[⑤]毛床指的是羊皮附着部分的羊毛，毛床动即羊在春季时的季节性脱毛。剪下来的羊毛就可以用来做成毡，除了可以自己用来遮覆庐帐、

---

① 范晔撰，《后汉书》卷87，中华书局，1965年，第2883页。

② 阮元校刻，《十三经注疏·礼记正义》卷15，中华书局，2009年，第2952页。

③ 班固撰，颜师古注，《汉书》卷69，中华书局，1962年，第2986页。

④ Wang Ming-ke. The Ch'iang of ancient China through the Han dynasty — Ecological frontiers and ethnic boundaries. Harvard University, 1992: 50–54, 78.

⑤ 贾思勰著，石声汉校释，《齐民要术今释·上册》，中华书局，2009年，第551页。

缝制衣衫，多余的也可出售。巴菲尔德在《危险的边疆——游牧帝国与中国》中描述内陆亚洲的游牧生活时说："拜春雨所赐，新的牧场在冬雪消融后生机勃勃……因冬季的寒冷与饥饿而瘦弱不堪的动物们开始重新长膘并再现生机。成年动物被剪去毛绒。虽然通常被认为是最好的时节之一，但经常会发生灾难，如果不期而至的暴风雪袭击草原并使寒冰覆盖的话，很多牲畜尤其是刚出生的幼仔会很快死去。"①可以看出这与历史资料当中所反映的汉代羌人生活面貌是非常一致的。

制酪大约在三月末四月初，母牛母羊吃饱了青草就可以开始大规模制酪了，《齐民要术·养羊第五十七》说："三月末四月初，牛羊饱草，便可做酪，以收其利，至八月末止。从九月一日后，止可小小供食，不得多作；天寒草枯，牛羊渐瘦故也。"②游牧民族并不是以食肉为主，而乳制品往往是他们的主食，正如王明珂在《游牧者的抉择——面对汉帝国的北亚游牧部族》一书中所讲："只有学会如何'吃利息'（乳），并尽量避免'吃本金'（肉），游牧经济才得以成立。更不用说，在游牧地区的险恶多变环境中，畜产可能在一夕之间损失殆尽，因此牧民倾向于保持最大数量畜产以应灾变。"③

敦煌悬泉所出土的《使者和中所督察诏书四时月令五十条》应该

① 巴菲尔德著，《危险的边疆——游牧帝国与中国》，凤凰出版传媒集团、江苏人民出版社，2011年，第30页。

② 贾思勰著，石声汉校释，《齐民要术今释·上册》，中华书局，2009年，第557-558页。

③ 王明珂著，《游牧者的抉择——面对汉帝国的北亚游牧部族》，广西师范大学出版社，2008年，第30页。

是比较贴近当时羌人所居地区的物候与风土环境的，《四时月令五十条》中记载：“右孟春月令十一条，……毋焚山林，谓烧山林田猎伤害禽兽也，虫草木□□四月尽□□”①，另有“毋弹射蜚鸟及张罗为也，巧以捕逐之，谓逐鸟也□”①谓从四月至□（原文缺）不能伤害禽兽，一方面印证了这时的禽兽需要保护，另一方面也可以推测羌人在夏季时节是不从事射猎的。

六月是羌人收割麦子的季节，此时若年景不好，就会将妻儿迁往他地，或托付于其他部落，而部族中的精壮男子则外出进行劫掠。能够将妻儿托付在外，这同时也说明此时的生产生活资源是较为充足的。《汉书·赵充国传》记载“将军计欲至正月乃击罕羌，羌人当获

① 甘肃文物考古研究所，《敦煌悬泉汉简释文选》，《文物》，2000 年第 5 期，第 35 页。

使者和中所督察诏书四时月令五十条　1992 年出土于甘肃敦煌悬泉置遗址，又称“敦煌悬泉月令诏条”，为西汉平帝元始五年（公元 5 年），以太皇太后名义颁布的月令体诏令，现藏于甘肃省文物考古研究所。

麦，已远其妻子，精兵万人欲为酒泉、敦煌寇。边兵少，民守保不得田作。”①这里“羌人当获麦”前疑脱一今字，倘若按照中华书局通行的标点本：“至正月乃击罕羌，羌人当获麦”则说明羌人是在初春获麦、寇边。这一来与前面的冬春两季羌人生存较为窘迫的证据相抵牾，另外也违反了麦生长的规律。故应为“至正月乃击罕羌，［今］羌人当获麦”。而在这份汉宣帝给赵充国下的诏书结尾提到“今五星出东方，中国大利，蛮夷大败。”这一天象在《汉书·宣帝纪》中也有记载：“（神爵元年）六月，有星孛于东方。”可见诏书是在六月之后下达的，而从《汉书·赵充国传》中的记载来看，赵充国接到诏书后回奏，此时文中明确标注了时间，是在“六月戊申奏”，查《廿史

① 班固撰，颜师古注，《汉书》卷 69，中华书局，1962 年，第 2979–2980 页。

朔闰表》时间在六月二十八日。前后时间相证，可见羌人是在六月收获麦子的。另外，《汉书·赵充国传》在六月二十八日的上书中有“今虏马肥，粮食方饶”的记载，也可以作为佐证。

汉代的麦子不论大小麦有旋麦与宿麦之分，旋麦即春麦，《齐民要术·大小麦》中说：“旋麦，三月种，八月熟”，是春种秋收的麦子；而宿麦则是秋种夏收，即冬麦，《汉书·武帝纪》载：“遣谒者劝有水灾郡种宿麦。”颜师古注曰：“秋冬种之，经岁乃熟，故云宿麦。”① 前面的证据已经表明罕开与先零羌人夏六月收麦，可见至少位于湟中的罕开羌与先零羌是种植宿麦的。② 在破城子遗址中出土的麦种，颗粒短而饱满，皮厚，与现在的冬小麦相同。③

秋七月，水草丰茂，畜种开始繁盛。这时的羌人开始分散性的游牧，逐水草而居。根据《汉书·赵充国传》记载，针对神爵元年的羌乱，辛武贤认为：“虏以畜产为命，今皆离散，兵即分出，虽不能尽诛，亶夺其畜产，虏其妻子，复引兵还，冬复击之，大兵仍出，虏必震坏。”④ 辛武贤所施之计应当是在七月秋初之季，以速战速决之兵，使羌人在分散放牧、育肥畜产时，对敌人的资源加以掠夺，然后再让汉军在冬季出兵，攻打畜产受损无法恢复的羌人，也就是后来汉宣帝给赵充国下诏书中所讲的“不早及秋共水草之利争其畜食”。另外，

① 班固撰，颜师古注，《汉书》卷 6，中华书局，1962 年，第 177 页。
② 关于罕开羌的一部与先零羌的一部居于湟中，参见王宗维《两汉西羌部落考》，《西北历史资料》，1981 年第 2 期，第 16 页。
③ 何双全，《居延汉简所见汉代农作物小考》，《农业考古》，1986 年第 2 期，第 252 页。
④ 班固撰，颜师古注，《汉书》卷 69，中华书局，1962 年，第 2977 页。

《四民月令》中也有五、七、八月“刈刍茭”的记载，[①]这应当是牲畜在入冬前的育肥，对畜产的养殖具有重大意义。

农历的八九月，是秋季中最当令的时节，古人认为此时秋马正肥。颜师古曰：“盛秋马肥，恐虏为寇，故令折冲御难也。”[②]因此，盛秋也是游牧民族外出劫掠的最好时节。《汉书·赵充国传》中记载赵充国断言羌人与匈奴相互勾结，则“到秋马肥，变必起矣”。[③]

八月间，是宿麦也就是冬小麦播种的时节，《淮南子·时则训》曰：“仲秋之月……乃命有司，趣民收敛，务畜菜，多积聚，劝种宿麦，若或失时，行罪无疑。”[④]《礼记·月令》也有相似的记载，孔颖达疏曰：“故八月种麦，应时而生也。”[⑤]这里所提到的麦子均是秋种夏收的，也就是宿麦，恰好可以对应前面的羌人“六月当获麦”。

汉人对于宿麦是比较推崇的，孔颖达的注疏称：“前年秋谷至夏绝尽，后年秋谷夏时未登，是其绝也，夏时人民粮食阙短，是其乏也。麦乃夏时而熟，是接其绝，续其乏也。”故郑玄将麦称为“接绝续乏之谷”。[⑤]董仲舒上书汉武帝阐述麦的重要性，认为“关中俗不好种麦，是岁失《春秋》之所重，而损生民之具也。愿陛下幸诏大司农，使关中民益种宿麦，令毋后时”。[②]

种完宿麦之后，羌人的另一项工作是为越冬的牲畜准备“冬草”，

---

① 崔寔撰，石声汉校注，《四民月令校注》，中华书局，2013年，第56页。

② 班固撰，颜师古注，《汉书》卷54，中华书局，1962年，第2444页。

③ 班固撰，颜师古注，《汉书》卷69，中华书局，1962年，第2973页。

④ 刘安编，刘文典撰，冯逸、乔华点校，《淮南鸿烈集解》卷5，中华书局，2013年，第176页。

⑤ 阮元校刻，《十三经注疏·礼记正义》卷16，中华书局，2009年，第2975页。

“汉归义羌长”印 此印是汉代朝廷颁发给羌人首领的官印，1953 年出土于新疆沙雅县，现藏于中国国家博物馆。

从九月一直持续到十月进入冬场之前。冬季严寒，不会再有青草长出，故而需要储备草料过冬。① 从事种植业的汉民族同样注重入冬前的准备工作，即所谓的“秋收冬藏”，上面提到的《淮南子 · 时则训》和《礼记 · 月令》也提到了多积聚、务蓄菜的越冬经验。

十月是收获禾稼的时节。《后汉书 · 西羌传》中记载，汉安帝元初二年先零羌别种滇零起兵寇益州，汉朝廷派任左冯翊司马钧为征西将军，与右扶风仲光、安定太守杜恢、北地太守盛包等人一同攻打滇零之子零昌，“……均等独进，攻拔丁奚城，大克获。杜季贡率众伪逃。钧令右扶风仲光等收羌禾稼，光等违钧节度，散兵深入，羌乃设伏要击之。”司马钧因为仲光等人不听命令，在城中怒而不救，致使“光［等］并没，死者三千余人”，据《后汉书 · 安帝纪》可知“（元初二年）冬十月……乙未，右扶风仲光，安定太守杜恢，京兆虎牙都尉耿溥与先零羌战于丁奚城，光等大败，并没”，故时间在十月，注文引《东观汉记》记载：“安定太守杜恢与钧等并威击羌，恢乘胜深

① 王明珂著，《游牧者的抉择——面对汉帝国的北亚游牧部族》，广西师范大学出版社，2008 年，第 21–23 页，第 169 页。

入，为虏所害，钧拥兵不救，收钧下狱。”可知与《后汉书·西羌传》所述为同一事。《诗经·豳风七月》也有“九月筑场圃，十月纳禾稼”的记载，此处的禾稼为谷类的统称，联系后文已没有充足的证据，因此我们不能断定谷物的具体品种，但如上文所述，大致的谷物种类相同，种植这些谷物的羌人则需要在此时收获他们的谷物，用以作为度过寒冬的口粮。

需要说明的是，尽管从史料中来看，汉帝国对羌战争得到的战利品非常丰富，谷物少则数万斛，多则数千万斛。

许倬云在《汉代农业——中国农业经济的起源及特性》一书中做过估算，“一个成年男子每月消费的粮食是 3 斛，一个成年家属消费 2.1 斛，一个未成年人 1.2 斛。因此这个虚构的五口之家每月应该要消费 11.4 斛粮食，或者说每年大约消费 140 斛。”[①] 而许倬云同意仲长统的意见，认为汉代的平均亩产在 3 斛。[②]

需要加以说明的是，仅凭以上的数字，容易使我们对羌人生产力水平估计过高。从科技史的角度来讲，汉代较为先进的“代田法”，[③] 事实上也是由二田制发展而来的，也是通过沟垄的“岁代”，完成了在一块田地里的休耕，提高了土地利用率。居延汉简中有关于代田仓的记载，说明代田法是在西北边郡实行过的，[③] 至于有没有传入羌中并加以应用，史料上没有相关证据，我们亦不得而知。《汉书·赵

---

① 许倬云著，《汉代农业——中国农业经济的起源及特性》，广西师范大学出版社，2005 年，第 65 页。

② 许倬云著，《汉代农业——中国农业经济的起源及特性》，广西师范大学出版社，2005 年，第 70 页。

③ 梁家勉著，《中国农业科学技术史稿》，农业出版社，1989 年，第 207–209 页。

充国传》中有一条记录，赵充国领兵进至罕地时，下令“军毋燔聚落刍牧田中”，颜师古注曰：“不得燔烧人居及于田亩之中刈刍放牧也。”刈刍是割草，因而刍牧田中即是言羌人的田中有大量的草。因为仅有此一条依据，故而只能臆断为羌人是实行休耕制的。另外，上述史料中的证据仅仅是羌人强种大豪的农业经济反映。此外，悬泉汉简中有“羌人买谷民间，持出塞甚众”[①]的记录，也说明羌人已经不仅能够保证自给自足的口粮，还能在农闲时节采购余粮进行交易买卖。

十月间，羌人在种完禾稼之后就会离开春场，进入冬场，冬场一般位于向阳避风的南面山谷。《汉书·赵充国传》记载：“欲至冬，虏皆当畜食，多藏匿山中，依险阻。”[②]可见冬季来临时的羌人在积攒好草料，为牲畜育完秋膘之后，会转入山中的冬场，一来可以抵御寒风的侵袭，二来可以充分接受阳光的照射，再者也可以充分利用地形避免汉人

① 张德芳，《悬泉汉简羌族资料辑考》，《简帛研究 2001》（上册），广西师范大学出版社，2001 年。（简文编号：Ⅱ 90DXT0216 ②：39）

② 班固撰，颜师古注，《汉书》卷 69，中华书局，1962 年，第 2980 页。

岷江流域高半山坡羌人游牧的春场

的进攻。在这里熬过寒冷的冬季，一年的农业周期至此也将结束。至于羌人是否如一些其他游牧民族一样也有“夏场”与“秋场”，史料中亦没有记载，但仍可以依据羌人春种秋收和秋种夏收的农事活动，并结合羌人居处高山河谷的有限地形，判断羌人在冬季以外的其他季节不进行集体性有目的的迁徙。

综上所述，将分析的结果整理为表，可作为一个羌人农事活动的月令，大致反映出两汉羌人的农业生产活动。

两汉羌人农事活动月令表

<table>
<tr><th>季</th><th>月</th><th colspan="6">农　事</th></tr>
<tr><td rowspan="3">春</td><td>正月</td><td colspan="2" rowspan="2">繁育牲畜</td><td colspan="4"></td></tr>
<tr><td>二月</td><td colspan="4">种禾稼、种旋麦</td></tr>
<tr><td>三月</td><td rowspan="6">制乳酪</td><td colspan="3">交配牛马</td><td colspan="2">外出劫掠</td></tr>
<tr><td rowspan="3">夏</td><td>四月</td><td rowspan="2">气候不稳定照料牲畜</td><td colspan="2">春草生</td><td>出冬场</td><td>剪羊毛</td></tr>
<tr><td>五月</td><td colspan="4">刈刍茭</td></tr>
<tr><td>六月</td><td colspan="2">收宿麦</td><td colspan="3">放牧、育肥秋马</td></tr>
<tr><td rowspan="3">秋</td><td>七月</td><td rowspan="2">刈刍茭</td><td colspan="3">分散游牧</td><td rowspan="4">外出劫掠</td></tr>
<tr><td>八月</td><td colspan="3">种宿麦</td></tr>
<tr><td>九月</td><td rowspan="2">打冬草</td><td colspan="4"></td></tr>
<tr><td rowspan="3">冬</td><td>十月</td><td colspan="2">收禾稼及旋麦</td><td colspan="2">入山林，居冬场</td></tr>
<tr><td>十一月</td><td colspan="2" rowspan="2">繁育牲畜</td><td colspan="4"></td></tr>
<tr><td>腊月</td><td colspan="4"></td></tr>
</table>

第三章 执农不弃：魏晋南北朝时期的羌族农业

自汉景帝以降，研种留何带领部族内迁，整个东汉年间，因战争等原因羌族先后有大小30余次的内迁，先零种、煎巩种、烧当种在历次战争冲突中内迁至金城、西海、陇西、天水、扶风、河东、汉阳、安定等郡。

其中，早期南迁的羌人，开始进入一种与往日不同的自然条件，羌民逐渐融入周边的各个民族，一方面适应当地的生产生活环境，同时也带去了自身生活方式的影响。在《后汉书·西南夷传》中，对于“六夷、七羌、九氐”杂居的冉駹，有如下描述：“贵妇人，党母族，死则烧其尸。土气多寒，在盛夏冰犹不释，故夷人冬则避寒，入蜀为佣;夏则违暑，反其邑。”[①]冉駹之地，土地多刚卤，难以从事种植业生产活动，因而其地“不生谷、粟、麻、菽，唯以麦为资”。[①]针对这种情况，羌人灵活的混合型生产方式就发挥了重要作用，利用当地的自然地理条件，发展畜牧业与采猎业，补充食物来源并通过采集医药等副产业增加经济来源，《后汉书·西南夷传》中对此论述到：“宜畜牧。有旄牛，无角，一名童牛，肉重千斤，毛可毦。出名马。有灵羊、可疗毒，又有食药鹿，鹿麑有胎者，其肠中粪亦可疗毒疾。又有五角羊、麝香、轻毛毼鸡、牲牲。其人能作旄毡、班罽、青顿、毞毲、羊羧之属。特多杂药。地有咸土，煮以为盐。麡羊牛马，食之皆肥。”[①]

东汉末年，西北少数民族纷纷进入中原地区，随着汉王朝国力的日渐衰弱，羌人作为西北地区重要的军事力量，不断被各方势力争夺

① 范晔撰，《后汉书》卷86，中华书局，1965年，第2858页。

拉拢。《三国志·郑浑传》注引张璠《汉纪》载，郑泰曾对董卓说道："且天下之权勇，今见在者不过并、凉、匈奴屠各、湟中义从、八种西羌，皆百姓素所畏服。而明公权以为爪牙。"① 董卓以后，又有马超"有信、布之勇，甚得羌胡心"。② 这些武装势力借助羌胡的军事力量，活跃于西北地区，参与或左右中原政治势力的纷争，使得羌人也逐渐走向了逐鹿中原的历史舞台。

羌人在农牧交错地区长期的拉锯战中积蓄了战争的实力，因为内迁而得到金城、天水、扶风等丰饶土地，军事实力和经济实力更加显越，成为能够影响中原政治格局的一只强大武装力量，实力不容小觑。相比之下，中原地区则因为连年战乱，百姓流离，黎民饥馑。《三国志·魏书》卷16《苏则传》就曾记载：

> 是时丧乱之后，吏民流散饥穷，户口损耗，则抚循之甚谨。外招怀羌胡，得其牛羊，以养贫老。与民分粮而食，旬月之间，流民皆归，得数千家。乃明为禁令，有干犯者辄戮，其从教者必赏。亲自教民耕种，其岁大丰收，由是归附者日多。李越以陇西反，则率羌胡围越，越即请服。③

苏则对于金城（今兰州）地区的管辖，很大程度依赖了羌胡势力。一方面，他招抚，或者说拉拢羌人，以羌人之畜产和粮食接济老

① 陈寿撰，裴松之注，《三国志》卷16，中华书局，1982年，第510页。
② 陈寿撰，裴松之注，《三国志》卷25，中华书局，1982年，第701页。
③ 陈寿撰，裴松之注，《三国志》卷16，中华书局，1982年，第491页。

弱贫苦，并教民耕种。另一方面，还要依赖羌人的军事实力维护地方治安。这种情形不仅仅限于曹魏。

蜀汉政权想要安定西南，同样需要坚持“西和诸戎，南抚夷越”的基本方略，一是依赖羌人的军事实力，借助羌人的武装斗争或者联合蜀军共同击魏。比如延熙十年（247 年），“陇西、南安、金城、西平诸羌饿何、烧戈、伐同、蛾遮塞等相结叛乱，攻围城邑，南招蜀兵，凉州名胡治无戴复叛应之”。①

二是依赖羌人贯通魏蜀，外接陇西各郡与西北诸羌，内扼祁山要道的重要战略意义。攻可以外合湟中、金城诸羌，起兵举事，退可以“从羌中西南诣蜀”“息肩於羌中”“招呼故人，绥会羌、胡，犹可以有为也”。②出身陇右天水郡的姜维，熟悉西北风俗民情，接过北伐重任之后，更是充分利用诸羌贯通蜀魏的战略优势，制定北伐策略。“欲诱诸羌胡以为羽翼，谓自陇西之地可断而有”，③先后出兵陇右、雍州、襄武、河关、临洮等地。

三是依赖羌胡之资，即所谓“大将军姜维每出北征，羌、胡出马牛羊毡毦及义谷裨军粮，国赖其资。”④而羌人所居之地，物产不可谓不丰饶。《三国志·魏书》卷 28 中记载，邓艾认为姜维必然会卷土重来，其中一个重要原因就是“从南安、陇西，因食羌谷，若趣祁山，熟麦千顷，为之县饵”。⑤也就是说，从南安、陇西进攻，可以顺道从

---

① 陈寿撰，裴松之注，《三国志》卷 26，中华书局，1982 年，第 735 页。
② 陈寿撰，裴松之注，《三国志》卷 15，中华书局，1982 年，第 475 页。
③ 陈寿撰，裴松之注，《三国志》卷 44，中华书局，1982 年，第 1064 页。
④ 陈寿撰，裴松之注，《三国志》卷 45，中华书局，1982 年，第 1090 页。
⑤ 陈寿撰，裴松之注，《三国志》卷 28，中华书局，1982 年，第 778 页。

羌地补充粮食，往祁山则可劫掠熟麦千顷。所以进攻是姜维补充战争物资的重要手段。

总体而言，羌胡成为魏蜀两国军事纷争的重要因素，同时也是重要的战略衡量点，同时也可见东汉末年羌族势力的壮大，以及农业经济的发展。与蜀汉不同，曹魏则采取了通过迁徙弱化羌人，从而切断蜀国对于羌人的战略依赖关系。比如建安时，曹操就曾从武都郡迁氐五万余落出居扶风，天水一界。目的就是“恐刘备北取武都氐以逼关中”[①]，以民资敌。这种政策也在邓艾那里得到了贯彻，邓艾认为，“羌胡与民同处者，宜以渐出之，使居民表崇廉耻之教，塞奸宄之路”[②]。

然而同样的问题到了魏晋以后，国内的矛盾转移，魏蜀对峙的局面结束，而民族融合过程中的矛盾冲突再一次凸显出来，“尊王攘夷”之声再度甚嚣尘上。可以说，魏晋时期的民族融合是汉魏民族政策、民族融合大趋势共同作用的必然结果。而从曹魏时期的移民以入，到郭钦、傅玄、江统等人的徙民以出，其实是“华夷有别”这一狭隘民族主义思想的一体两面。在历经了百年的民族融合之后，江统仍以坚持“夫关中土沃物丰，厥田上上，加以泾、渭之流溉其舄卤，郑国、白渠灌浸相通，黍稷之饶，亩号一钟，百姓谣咏其殷实，帝王之都每以为居，未闻戎狄宜在此土也。非我族类，其心必异，戎狄志态，不与华同”[③]的论调，坚持认为夷狄就应是西域牧羊人，不配占据土壤丰饶的肥沃良田。

---

① 陈寿撰，裴松之注，《三国志》卷 15，中华书局，1982 年，第 472 页。
② 陈寿撰，裴松之注，《三国志》卷 28，中华书局，1982 年，第 776 页。
③ 房玄龄等撰，《晋书》卷 56，中华书局，1974 年，第 1531 页。

甘肃省博物馆藏魏晋画像砖羌戎少女图（出土于酒泉果园乡）

陈寅恪说："戎狄内迁，有政策、战争、天灾等各方面的原因，有它的历史的必然性。迁居内地的戎狄，与汉人错居，接受汉化，为日已久。再要强迫他们回到本土上去，与汉人隔绝，这种相反方向的大变动，反而会促成变乱。取足夷虏，只是招致'戎狄乱华'的原因之一。"①

第一节　魏晋时期羌人内迁及汉化

魏晋南北朝是我国古代史上第二次民族大融合时期，与春秋战国时期相比，是更高层次上的同化和融合。西北地区的氐族和羌族早在西汉末期时就开始向河西、陇右和关中等地迁徙，因此他们的汉化程

① 万绳楠整理，陈寅恪著，《魏晋南北朝史讲演录》，贵州人民出版社，2007 年，第 72 页。

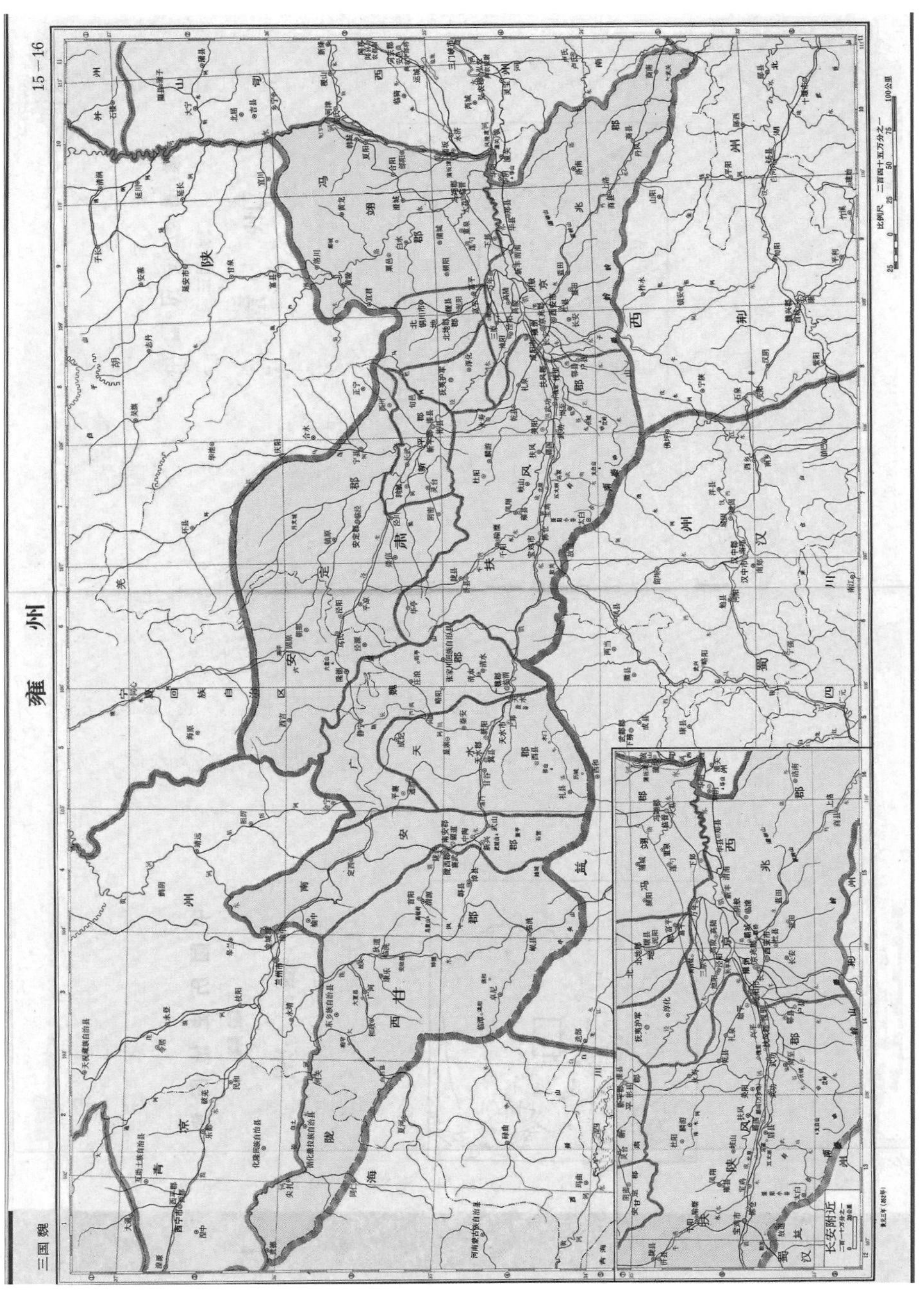

三国时期雍州疆域（摘自谭其骧《中国历史地图集》）

度较早且较深。三国时期，氐族已经掌握了中国语言，姓氏也与汉族类似，但他们作为一个族群并未消失，仍然保留着自己的语言、风俗和心理状态。①

西晋武帝泰始年间继续有大批匈奴入居汾水流域。太康年间又有匈奴十余万人居雍州。当时关中地区人口约百万，而“戎狄居半”。汉末以来，羌人的势力不断壮大，不能排除西北地区一些民族与羌戎杂居，或者依附于比较大的羌豪部落，使得西北地区的秦州、凉州等地羌人势力不断壮大，以至于晋武帝时，郭钦曾上书称“西北诸郡皆为戎居”②。内迁羌人又与汉人杂居，占据了秦、凉、雍、益四州的众多良田沃野。至晋惠帝元康九年（299年），关中八百里秦川，人口达百万之众，而戎狄数量则占到一半。长安周围的冯翊、北地、新平、安定、扶风、始平、京兆等地诸羌，与汉人杂居，逐渐适应了农耕定居生活。但皇帝与朝臣始终不能接受华夷杂处的事实，他们将自然灾害的边民流离与戎狄内侵联系在一起，故有“加自顷戎狄内侵，灾害屡作，边氓流离，征夫苦役，岂政刑之谬，将有司非其任欤”③“是时西虏内侵，灾眚屡见，百姓饥馑”④之说。

与此同时，曹魏时期为了经略关陇、河西地区，牵制西北羌人的势力，防止其与西南诸羌接应。大力在渭河流域的天水、关中一带安置屯田。军屯与民田杂处，以军屯带动农业技术推广、水利设施的修筑，的确可以对东汉末年战争对关中农业的破坏起到修复作用，也推

① 陈寿撰，裴松之注，《三国志》卷30，中华书局，1982年，第858页。
② 房玄龄等撰，《晋书》卷97，中华书局，1974年，第2549页。
③ 房玄龄等撰，《晋书》卷52，中华书局，1974年，第1440页。
④ 房玄龄等撰，《晋书》卷52，中华书局，1974年，第1444页。

动了这一地区少数民族的汉化，以及农业经济的快速发展。然而到西晋时期，关中近百年的军屯制度此时已经蜕变为官吏剥削民众的一种手段。高额的屯田租率强烈打击了农民耕种的积极性，屯田获利也逐年减少。西晋时期，朝廷为了休养生息，恢复国力，亦采取了一系列措施来劝课农桑，至晋武帝太康年间，一度出现了“太康盛世”。到晋武帝泰始二年“罢农官为郡县”[①]，编户齐民，允许农民占垦荒地，将农业生产方式重新调整并适于新的环境，刺激了农民的生产积极性，导致“是时天下无事，赋税均平，人咸安其业而乐其事”[②]。

但是好景不长，到晋惠帝元康年间，便发生了历史上有名的“八王之乱”，这场西晋王室的内部斗争持续了16年之久，国力大耗。晋元康年间，由于战争和自然灾害频仍，天水、略阳、扶风、始平、武都、阴平六郡的民众十余万纷纷涌入四川地区，遭到了广汉太守的残杀掠夺和镇压。賨人李雄率众称帝，建立了后来被称为“东晋十六国”之一的成汉政权。在成汉政权治下，羌人维持了数十年的稳定局面，“由是夷夏安之，威震西土”“事少役稀，百姓富实”[③]。

晋元康七年，内迁于关中冯翊、北地等地区的马兰羌和汶山县以北的卢水胡，因不满朝廷的统治而起义。随后，相邻的刘紫利羌和蜯蜩羌又发生战争。而整个关中地区则是饿殍遍野，蒿棘成林，百姓流亡至梁益等地，存活下来的仅有十之一二。

西晋以后，北方匈奴、羯、鲜卑、氐、羌等诸族内迁，纷纷入主

① 房玄龄等撰，《晋书》卷3，中华书局，1974年，第55页。
② 房玄龄等撰，《晋书》卷26，中华书局，1974年，第791页。
③ 房玄龄等撰，《晋书》卷121，中华书局，1974年，第3040页。

中原，与逃往江南的东晋政权划江而治。因长期与汉族错居杂处，在汉族影响下，社会经济得到较快发展，并在加速封建化和汉化的过程中，形成了共同经济体制。从民族特点而言，他们与汉族的共同性日益增多，隔阂及差异性逐渐减少，最后多融合于汉或其他民族。马长寿在《碑铭所见前秦至隋初的关中部族》一书中，依据现存前秦时期的《邓太尉祠碑》《广武将军□产碑》，分析了迁入渭北一带的羌人，其中比较典型的姓氏有雷氏、钳耳氏、党氏等；同时，依据北魏至北周时期的一批造像记，分析了这一地区羌族聚居的村落。随着羌人的进一步汉化，到当代中叶，已经基本看不到羌族的特征了。[①]

第二节　十六国时期羌区农牧业的震荡式发展

自西晋灭亡，至北魏统一华北地区的一个多世纪中，内陆地区始终处于割据状态。由北方游牧民族所组建的军事王朝，带着其兴也勃、其亡也忽的半游牧基因，你方唱罢我登场。其间虽然有短暂的复兴或者统一政权，但松散的军事联盟常常随着政权首领的战死或者逃亡而瞬间崩溃。比如羌人姚苌建立了后秦政权，虽有励精图治者希望恢复关中一带的生产力，但在当时的社会环境下，这一王朝也仅短暂地存在了 30 余年。政权的不稳定和长期的战争状态就决定了由少数民族纷纷建立的“十六国”政权，不可能维持农牧的持续增长。

另一个值得注意的方面是，八王之乱之后，洛阳、长安以及河南、陕西、山东等地均沦为主战场，加上连年的饥荒，百姓多四散流

① 马长寿著，《碑铭所见前秦至隋初的关中部族》，广西师范大学出版社，2006 年，第 12–25 页。

亡，举家南迁。巴蜀流民则先后进入荆湘定居。[①] 十六国时期，“以黄河流域战祸剧烈程度、规模和时间而言，加上种族对立引发的激烈冲突和残酷屠杀”“理论上说人口最低点应该降到五六百万，仅及原来的四分之一左右”。[②] 这样一来，北方军事争夺的核心资源并非广袤的因战事而被荒废的土地，而是能够供给军事帝国长期剥削的劳动力资源。在这一过程中，这些国家纷纷劝课农桑，兴农务本，其目的仍然是维持帝国军事实力和抵御其他部族的攻伐，最终避免重蹈伤农亡国的覆辙。比如，匈奴汉赵政权第三位皇帝刘聪，他攻克关中地区后，从长安迁徙了八万民众到平阳。羯族的后赵开国皇帝石勒，从关中地区迁十五万氐羌往邺城。

河西地区在行政区划上属凉州刺史部，西晋灭亡以后，先后诞生了前凉、后凉、南凉、西凉、北凉五个政权。五凉政权所经略区域是羌人较为集中的地区，《晋书·石季龙载记》称河湟一带氐羌十余万落，[③] 这一规模在中原人口不断迁入的整体趋势下亦可占到半数左右的规模。对湟源、永登一带的开发早在秦汉时期就已初具规模。曹魏政权管辖期间，河西的粮食产量已经较为可观，时任凉州刺史，领护羌校尉的徐邈在这一带兴修水利、广开水田，同时在酒泉、武威等地广开盐池，收购虏谷，为中原输送物资。敦煌太守皇甫隆带领百姓兴修水利，改善当地的灌溉条件，解决了干旱荒漠地区的生产力发展问题，提高了粮食产量。[④] 此外，条播技术和耧车等农业种植技术的推

---

① 葛剑雄著，《中国人口史》（第一卷），复旦大学出版社，2002 年，第 565–567 页。
② 葛剑雄著，《中国人口史》（第一卷），复旦大学出版社，2002 年，第 473 页。
③ 房玄龄等撰，《晋书》卷 107，中华书局，1974 年，第 2781 页。
④ 陈寿撰，裴松之注，《三国志》卷 27，中华书局，1982 年，第 739–740 页。

广，也起到了明显的效果。另外，河西地区的畜牧业是传统的优势资源。《史记》中就有古西戎之地“畜牧为天下饶”的说法。此外，河西地区的贸易也可以带来丰厚的税收，《后汉书》称，东汉初年，“时天下扰乱，唯河西独安，而姑臧称为富邑，通货羌胡，市日四合，每居县者，不盈数月辄致丰积”。[①]

西晋灭亡之前，曾任凉州刺史，并出任护羌校尉的张轨世代坐镇河西走廊，建立了前凉政权，该地区良好的农牧基础和充足的物资储备保障了政权的相对稳定，也吸引了秦陇乃至中原地区的百姓归附安身，一时间“中州避难来者日月相继”，推动了地区经济的活跃，并使凉州成为“刑清国富”的富庶地区。[②]

长期稳定的农牧业发展本是优势。但大量的流民徙入，对河西地区原本自然地理资源构成了严重威胁，优势迅速转化，自秦汉以来的农业开发，已经充分挖掘了该地自然地理区位的产能，大规模的人口涌入也会对河西走廊地区造成较为严峻的人地矛盾。张骏继任之后，曾经试图推行“治石田”的开荒方略，“徙石为田，运土殖谷”，即通过政治力量推动百姓在不能进行耕种的山地、砂石土壤，搬石、运土，营造耕田。史书中对张骏评价不高，而负责执行的参军也以“计所损用，亩盈百石，所收不过三石而已”予以反对。[③] 参考《魏晋南北朝经济史》给出的结论：北魏时期的亩产，普遍是五至十石。《齐民要术》中高海拔地区青稞产量平均在每亩四石左右。土地贫瘠的情

---

① 范晔撰，《后汉书》卷 31，中华书局，1965 年，第 1098 页。
② 房玄龄等撰，《晋书》卷 86，中华书局，1974 年，第 2235 页。
③ 魏收撰，《魏书》卷 99，中华书局，1974 年，第 2194–2195 页。

况下，每亩只能收二石至三石。[①] 由此看来，张骏的方案不能视为是一种愚蠢的劳民伤财的政治举措。反观《魏书》张骏传的记载，又称其“筑南城，起谦光殿于其中，穷珍极巧，又四面各起一殿，东曰宜阳青殿，南曰朱阳赤殿，西曰正德白殿，北曰玄武黑殿，服章器物皆依色随四时居之，其旁有直省寺署，一依方色。其奢僭如此，民以劳怨。”[②] 也可推知张氏治下的凉州地区此时已经较为富裕，有能力支持大规模的宫室营建活动，而且劳动力资源充足。

羌人可以选择劫掠或者是向西侵略的办法，不断攫取战略物资，疏解人口压力，同时以战养战，壮大自身实力。类似于历史上秦朝的奖励耕战办法，实行对外扩张，夺取关内土壤丰沃的耕种土地，徙民种植。但张氏作为中原出身的领主，似乎仍然选择了中原王朝治羌的常规性做法，即外迁戎狄或大兴土木，从历史上来看，张氏政权也曾经试图使用这一方法迁徙西海诸羌，但因反对声音过于强烈，最终放弃。最终张氏选择了大兴土木以解决剩余劳动力的生活问题，通过国家财富的投入，建设大规模的公共工程，同时还能一定程度上开发难以耕种的土地，缓解河西地区耕地紧张的问题。

匈奴人刘渊在平阳称帝，国号为“汉”。后刘曜迁都长安，并改国号为“赵”。刘渊建国之初，氐羌部族皆送去人质和任子以表示归服。这种关系没有办法得到较好的保障，战争不断，自然灾害频发，脆弱的经济形势加上逃亡的民众，使得刘氏建立的前赵危机四伏。西晋宗室司马保攻关中，“秦陇氐羌多归之”，司马保死后，汉羌投奔前

① 高敏主编，《中国经济通史·魏晋南北朝卷》（下），经济日报出版社，2007 年，第 665 页。
② 魏收撰，《魏书》卷 99，中华书局，1974 年，第 2194 页。

凉张寔者有上万余众。平阳饥荒，氐羌百姓叛逃归服石勒者达二十余万户。石勒讨伐靳准，又收服羌羯人口四万余众。①

前凉灭亡以后，其他诸凉政权纷纷兴起，一些地区劳动力过剩，而仍然有大量因战争导致的荒田等待开垦。对人口进行迁徙依然成为南凉政权安定居民、削弱豪酋和开垦荒地的重要国策。在弘昌五年，南凉迁徙了三万多户羌族人到武兴、番禾、武威、昌松四个郡。此外，他们征集了五万多名士兵，集结在方亭。实际上，迁徙人口是军事征服后搜刮劳动力的一种方式，有助于增加耕种土地的人口。对于南凉而言，抢夺的人口主要用于耕种土地，增加田地的产量。羌族人在河西四郡经营的田地仍然源源不断为南凉提供财富支撑，湟水流域自汉代以降维持下来的屯田也成为南凉的重要经济支柱。秃发傉檀在退出姑臧时，特意安排大司农成公绪留守，充分说明河西地区的重要经济意义。也正是这个原因，河西地区成为后凉、西凉、北凉、南凉与西秦等国争夺的军事要冲，频繁的战争和人员伤亡导致当地农牧业遭到严重的破坏，比如沮渠蒙逊在北凉与南凉的征战中有意破坏湟中地区的屯垦，造成“不种多年”的情况，最终导致南凉政权“连年不收，上下饥敝”②。南凉最终命运被大臣谏言不幸言中。秃发傉檀想要借助劫掠的方式弥补农牧业生产之不足，但是能够维系游牧社会形成较强凝聚力的核心在于豪酋对资源的掌控能力以及经济军事实力。《易经》否卦系辞云：“其亡其亡，系于苞桑。”南凉政权最终因为农牧业的崩坏导致灭亡。

① 房玄龄等撰，《晋书》卷 103，中华书局，1974 年，第 2685 页。

② 房玄龄等撰，《晋书》卷 126，中华书局，1974 年，第 3155 页。

北魏统一黄河流域以后，进一步向农耕文明转变，劝课农桑、兴修水利，在黄河北岸安置屯田。羌人所在地区的农牧业发展在历经诸凉战乱后，终于有所恢复。北魏在道武帝统治时期，效仿古代帝王的耕田之礼，为百姓树立表率，并将农耕视为内政的首要任务。朝廷派遣地方官员劝课农耕，根据农业成绩奖励晋升，推动了农业的发展。在北魏与后燕的战争中，后者获得了大量的穀米，表明北魏的农业规模相当可观。北魏重新修复了河套水利，平原公拓跋仪在黄河北岸屯田，并开辟了七十里长的渠道引水灌溉一千余顷田地。此外，北魏畜牧业也同样发达，北魏利用西北的适宜牧业之地建立了国营马苑，并大量赐予群臣将士牲畜。西北柔然和敕勒则以畜牧业为主要经济来源，常常向北魏及南朝梁齐贡献马匹和各种毛皮制品。由于军事和经济不如北魏，柔然最终被后来的突厥灭亡。

接下来，将目光转向由羌人主导的政权，从其执政观念及对农牧业的开发上，寻求其民族特异性的基因表达。

羌人姚苌在公元384年建立了后秦政权，成为五胡十六国中由羌人建立的政权。根据《晋书》中的记载，姚氏一族出自烧当羌，即秦穆公时无弋爰剑的第十三世孙，主要生活在赐支河曲的大允谷一带，即今青海贵德县。光武帝时，烧当羌的滇良先后击败了先零、卑湳等部族，占据了大、小榆谷的良田沃野，“雄于洮、罕之间”。[①] 烧当羌在此地积累势力，并威胁金城、陇西。填虞九世孙迁那内附汉庭，被封为冠军将军、西羌校尉，并被安置在南安赤亭。魏蜀争雄时，迁那

① 房玄龄等撰，《晋书》卷116，中华书局，1974年，第2959页。

玄孙姚柯迴效力于曹魏政权，得到朝廷册封。永嘉之乱时，迴子弋仲带领胡汉各族追随者数万人内迁至关中地区的榆眉。姚弋仲进入关中以后，以赤亭酋的身份依附于前赵刘曜。后赵取代前赵，姚弋仲又投靠后赵石氏，可见是铁打的豪族，流水的政权。姚弋仲为后赵提供了军事力量支持，协助其镇压了后赵戍卒掀起的梁犊起义，也为石虎提供了许多战略上的帮助。姚弋仲死后，其子姚襄率领部众六万户屯住于碻磝津（今山东省茌平县西南古黄河南岸），联合太原王亮、天水尹赤等人组成了羌汉联合的军事指挥机构。永和九年，姚襄徙盱眙，“招掠流民，众至七万，分置守宰，劝课农桑”。[①]随着姚襄势力的不断强盛，其与东晋统治集团的矛盾也渐露端倪。东晋升平元年，姚襄率部众西进，与前秦的苻生战于三原，兵败身亡。

姚襄之弟姚苌率部众投降苻生，仍然能够凭借自己的军事势力获得重用。先后被任命为扬武将军、龙骧将军。姚苌平息慕容泓叛军失败后，逃至渭北，被西州豪族共同推举为盟主。孝武帝太元九年，姚苌称帝并建立了后秦政权。

从姚氏一族的家族史可以看出，东汉以后的羌人部落已经逐渐归附汉廷、参与政事，在汉化的同时积蓄自身实力，并保留了游牧民族部落联盟的特征，在两汉豪族经济和门阀政治的时代特征中显得格外游刃有余。

王明珂在《游牧者的抉择——面对汉帝国的北亚游牧部族》中讨论了游牧社会的“分枝型社会结构”。即依靠血缘关系、共同祖先

① 司马光撰，《资治通鉴》卷99，中华书局，1956年，第3136页。

吕他墓志碑拓　原碑出土于陕西咸阳市渭城区窑店镇东北原畔，现藏于西安碑林博物馆。碑文镌刻时间为后秦姚兴弘始四年十二月。

或资源分配与政治关系（对外冲突），自下而上形成牧户—家庭—族系—部落的层级结构。[①] 这种社会结构具有很强的灵活性，游牧社会中的各层级部落构成，“一方面显示在这些社会中政治聚合经常借着亲属关系来强化；另一方面，任何一种人群聚合都是显示导向的——为了‘现实’，牧团或部落中可以容纳‘外人’，决定亲属关系的祖源记忆经常被遗忘或者改变，甚至有时可以联合外人对付近亲。”取决于对于历史记忆的不同阐释方式，羌人也可以通过将父子连名，改为世代姓姚，来强调尧舜后羿实出于一，也可以以劝课农桑、大兴佛教等文化面貌展示给他想要拉近的人，或借助五德终始学说来强调自身的政治合法性，从而与汉人实现超越族群关系的结盟。甚至于在姚氏霸业已成后，遣后将军歛成剿灭贰县的叛羌。遣将领文支讨南羌、西虏。另外，姚兴又重用姚氏宗亲，任命姚硕德为西征主力，任命姚崇为大司马，对姚绪等人“待以家人之礼”。[②] 封先朝旧臣姚驴硙、越恶地、王平、马万载、黄世等人的儿子为五等子男。任命了姚敛成、姚寿都、姚弼、姚石生、姚伯禽、姚良国等一批重臣。

在游牧民族的分枝型社会结构中，部落的结合和离散往往取决于外界敌对力量的强弱和自身所在地区资源的多寡。举例而言，汉羌之际，沿农牧交错地带汉羌各族对资源的争夺异常激烈，面对汉军的强大攻势，羌人必须高效地团结一致，对抗外来势力，此时部落的领袖

① 王明珂著，《游牧者的抉择——面对汉帝国的北亚游牧部族》，广西师范大学出版社，2008 年，第 55 页。

② 房玄龄等撰，《晋书》卷 117，中华书局，1974 年，第 2980 页。

就有相当程度的威权，以征调牧民以及畜产，用于作战，调解纠纷，或者分配草场及游牧路线。也就是说，越和朝廷以及各级政府关系密切的区域部落，其首领的政治威权越大，离此越远的所谓“野番”，则其部落首领越没有政治威权。

再进一步引申开来，也就是说汉代以降羌酋豪种的大规模兴起，体现了羌民部族政治威权的爆发性增长，政治威权所绑定的是从事种植业和牧业以外的辅助性生业的复杂程度，其背后所隐含的逻辑就是游牧群体对于复杂环境资源的掌控能力的需求提高了。政治威权同时也意味着游牧社会与外界——也就是所谓的“国家政权下定居群体的关系”——交流和冲突更加频繁复杂。①

结合魏晋时期的羌人社会来看，无论是河湟谷地、关中沃野，还是岷江流域，随着中原王朝疆域的扩展和农牧交错地带的内外拉锯，羌汉之间的确发生了更加频繁的交流和交往，这更意味着羌汉之间因为种植和畜牧，乃至辅助性生业，相互间的经济依赖性更高了。连年战乱和灾祸使中原地区民不聊生，而西北地区相对闭塞的环境提供了休养生息的客观条件。以至于曹魏时期，凉州刺史要开设盐厂，收购羌民的粮食供给中原。也从另一个侧面解释了悬泉汉简中为什么会产生“羌人买谷民间，持出塞甚众”的贸易活动，以及解释了河西姑臧地区为什么能够靠贸易税致富。

而这样的推论恰恰又可以与《后汉书·西羌传》中的记载相吻合：

① 王明珂著，《游牧者的抉择——面对汉帝国的北亚游牧部族》，广西师范大学出版社，2008 年，第 90 页。

> 自建武以来，其犯法者，常从烧当种起。所以然者，以其居大、小榆谷，土地肥美，又近塞内，诸种易以为非，难以攻伐。南得钟存以广其众，北阻大河因以为固，又有西海鱼盐之利，缘山滨水，以广田蓄，故能强大，常雄诸种，恃其权勇，招诱羌胡。[①]

姚氏集团转战了大半个中原，从青海的河湟谷底，到南安赤亭，再到榆眉、关东、清河、江淮、河洛、河东，再回关中。无论是立足于赐支河曲从事半农半牧的生产方式，还是进入关中以后提高种植业生产比例，乃至于姚氏率领部众六万户屯住于山东，劝课农桑。可以说，这期间对于从事游牧生活的羌人而言，生产生活方式是首先容易改变的。在从新石器时代以来的漫长民族发展史中，不占据有利地形的羌人总是能够应对自然地理环境做出及时的生业调整和应对策略。

姚氏一族的渐慕华风，既体现出魏晋以后，北方少数民族交流、交往和融合，最终促动中华民族多元一体格局性形成的历史潮流；同时也是姚氏羌人入主中原后，采取儒家文化治理天下的一种政治手段。由此可见羌人的文化习惯也可以逐渐更化。姚弋仲时时以“老羌”自居，“老羌请效死前锋”“汝看老羌堪破贼以不”。[②]而至姚兴时，除了他本人讲经说道的儒学文化素养，在处理姚兴之母虵氏死葬一事上，姚兴也完全接受了汉文化的丧葬礼俗。

这一时期的农业虽发展缓慢，但值得注意的是随着民族间的交往和融合，各族先进的文化、技术也随之交融汇集，为隋唐的繁荣昌盛

① 范晔撰，《后汉书》卷 87，中华书局，1965 年，第 2885 页。

② 房玄龄等撰，《晋书》卷 116，中华书局，1974 年，第 2960–2961 页。

奠定了基础，正如清初王夫之所言："汉唐之所以张者，皆唯畜牧之盛也。"①

第三节　宕昌羌、邓至羌以及吐谷浑的农业

羌人姚苌所建立的后秦政权覆灭以后，继之而起的是宕昌羌、邓至羌以及吐谷浑。

宕昌羌位于陇西羌水一带，而邓至羌则居于白水江一带，此区域环境较为封闭，因此这部分羌人的生产生活水平较中原地区的羌人落后很多。有学者认为，宕昌羌从族源上来讲，与汉代的且昌羌有着非常重要的关系。②《北史·宕昌传》载："姓别自为部落，酋帅皆有地分，不相统摄，宕昌即其一也。俗皆土著，居有屋宇。其屋织牦牛尾及羖羊毛覆之，国无法令，又无徭赋，唯战伐之时，乃相屯聚，不然则各生事业，不相往来。皆衣裘褐，牧养犛牛、羊、豕以供其食。父子、伯叔、兄弟死者，即以继母、世叔母及嫂、弟妇等为妻。俗无文字，但候草木荣落，记其岁时。三年一相聚，杀牛、羊以祭天。"③宕昌所居，在临洮以南的羌水上游，地处今日的青海西南部，仍沿海拔较高的河谷地带分布。从这段对宕昌羌的描述中，我们可以看到羌人继续保持着相对定居的状态。与汉代的羌人仍有很大的相似之处，而其分散的社会结构也与汉代的羌人非常一致。

如果按照史料中的说法，可以发现宕昌的经济水平非常落后，甚

① 王夫之著，《噩梦》，中华书局，2009 年，第 154 页。

② 冉光荣、李绍明、周锡银著，《羌族史》，四川民族出版社，1985 年，第 129 页。

③ 李延寿等撰，《北史》卷 96，中华书局，1974 年，第 3190 页。

至可以说是处于氏族社会末期阶段的半游牧民族，部落结构相对较为松散。生业则以畜牧养牦牛、羊、豕为主，宕昌人畜养猪，同时居有屋宇，可见宕昌也过着定居的生活，生业中也离不开作物种植。

在这种松散且经济较为落后的半游牧地区，一般意义上很难产生有一定实力的豪酋。或许是因为吐谷浑的长期劫掠，给该地区的民众生活带来很大的困扰。该地区的豪酋梁勤逐渐得到众羌豪的信任，并自立为王。众羌部落在梁勤的带领下，团结一致，并共同抵御吐谷浑的袭扰。

在一些史书的关于贡赋的记录上我们还能看到羌人的一些副业，比如梁弥机遣使向北魏贡献方物。北魏孝文帝中时，梁弥机又遣使进贡了朱砂、雌黄、白石胆各百斤。须知西晋时期张华的《博物志》称:“魏文帝黄初三年，武都西都尉王褒献石胆二十斤。”[①]而梁弥机一次进献的石胆竟然可达百斤。石胆是硫酸铜的结晶水合物，具有杀菌消炎的作用，中医将其用于治疗风痰、口疮等症。但石胆的价值并不在此，作为重要的炼丹用品，硫酸铜因溶于水后会与金属活泼性强于铜的单质发生置换反应，从而产生铜单质，被古人认为是炼丹术重要的原材料。同样，朱砂、雌黄也是较为稀有的炼丹矿物。《范子计然》称石胆出陇西羌道。[②]由此可见，至少宕昌羌在丹矿生产等方面的经济来源并未得到足够的重视或者强调。

又如《宋书·武帝本纪》载宋孝武帝时，“宕昌王奉表献方物”[③]，

---

① 张华著，《博物志》，凤凰出版社，2017 年，第 27 页。

② 胡维佳主编，《中国古代科学技术史纲·技术卷》，辽宁教育出版社，1996 年，第 112 页。

③ 沈约撰，《宋书》卷 6，中华书局，1974 年，第 125 页。

《南史·宕昌传》载宕昌王遣人至梁献甘草、当归。① 邓至王遣使献黄耆四百斤，马四匹。② 可见这一时期的羌人仍然从事采药和畜牧业，并将其作为特产供奉给朝廷。

宕昌是一个历史地理地名，其名称与出产的标志性地理物产"当归"相对应，两者的首字读音相互重叠并互为诠释，这种巧合不是偶然的。当归是一种中药材，被视为治疗妇科疾病的良药，主产于甘肃东南部，包括陇南市宕昌县西北部和定西市岷县一带。岷归是当归的上品，被医药界广泛推崇，是当地药农的主要经济来源之一。当归这个名称有三种说法，其中一种与地名宕昌有关，即当归原产于甘肃岷县附近的"当州"，因唐以前这一带为"烧当羌"居住之地，当地特产有一种香草叫"蕲"，即当归，古代"蕲"与"归"发音押韵相同，所以叫"当归"。唐代苏敬在他编著的《新修本草》一书中提到，"当归今出当州，宕州最良，多肉少枝气香"。③ 可见中药材也是宕昌和邓至地区重要的经济物资，相比较而言，马的产出似乎没有令人印象深刻的巨大规模。

在宕昌羌的势力逐渐退出甘松地区以后，邓至羌取而代之。所居之地相同，且其在生产生活方式也十分类似。

吐谷浑是辽东鲜卑族慕容部酋长涉归的庶子，大约在公元 4 世纪初，吐谷浑率所辖七百户西迁，越过阴山迁至枹罕一带。其后，吐谷浑的后人征服了此地的羌人，将势力范围拓展至河西湟中等地，并建

① 李延寿撰，《南史》卷 79，中华书局，1975 年，第 1978 页。
② 李延寿撰，《南史》卷 79，中华书局，1975 年，第 1979 页。
③ 苏敬等撰，《新修本草》，安徽科学技术出版社，1981 年，第 203 页。

梁元帝萧绎绘《职贡图》宋人摹本

残卷中保留了邓至国使的形象。左侧的文字记载，邓至国特使所贡物品包括黄耆（芪）四百斤，马四疋（匹）。

立了吐谷浑王国。吐谷浑国受汉族文化影响很深，治国也多借鉴汉族制度。由于境内吐谷浑人与当地的氐羌各部族杂居，在统治过程中，吐谷浑的贵族吸纳了许多羌族的地方势力，与许多当地的羌族部落一起进行统治，一方面推动了羌族的历史发展，同时也使得鲜卑人羌化，因此，吐谷浑可以算作羌族国家。

吐谷浑主要从事的是游牧业，《北史・吐谷浑传》中对当地的生业描述为：“逐水草，庐帐而居，以肉酪为粮。”[①]可见吐谷浑以畜产作为其主要的生活来源。《新唐书・西域传》中记载道，“吐谷浑居甘松山之阳，洮水之西，南抵白兰，地数千里。有城郭，不居也。随水草，帐室、肉粮”。[②]可见其已经有了明显的游牧民族的倾向，随依水草而不定居，以肉为粮。《北史・吐谷浑传》中记载，这一地区“土出犛牛、马、骡”。《晋书・吐谷浑传》中也有吐谷浑“出蜀马、犛牛”的记载。[③]《魏书・高祖纪上》中提到，吐谷浑曾向北魏进贡牦牛五十头。[④]《魏书・吐谷浑传》中则提到，阳平王击败吐谷浑后，曾缴获吐谷浑骆驼和马二十余万头。[⑤]羌人改良种马的历史很早，可以追溯到东汉以前。甘肃武威雷台出土的马踏飞燕所反映出的对侧快步特征，正是青海湖、祁连山一带良马的标志性奔跑特征，被认为与今天的浩门马有血缘关系。同时，遗传学验证，本地母马与外国种马杂交所生的马种，会长期稳定地保持这一遗传稳定性。可以说，自汉代以来，河西湟中地区的羌族就不断尝试本土优良种马与汗血马等域外良种杂交，并成功培育出新型的优势马种。[⑥]“青海周回千余里，海内有小山，每冬冰合后，以良马置此山，至来春收之，马皆有孕，所生得驹，号为龙种，必多骏异。吐谷浑尝得波斯草马，放入海（按：此

---

① 李延寿撰，《北史》卷 96，中华书局，1974 年，第 3179 页。
② 欧阳修、宋祁撰，《新唐书》卷 221，中华书局，1975 年，第 6224 页。
③ 房玄龄等撰，《晋书》卷 97，中华书局，1974 年，第 2538 页。
④ 魏收撰，《魏书》卷 7，中华书局，1974 年，第 147 页。
⑤ 魏收撰，《魏书》卷 101，中华书局，1974 年，第 2238 页。
⑥ 李炳东、俞德华主编，《中国少数民族科学技术史丛书・农业卷》，广西科学技术出版社，1996 年，第 192 页。

海指青海湖沿岸），因生骢驹，能日行千里，世传青海骢者”。[①]故可见，吐谷浑人善于培养良马，并掌握了一定的改良马种的技术。将东胡马、波斯马等外来马种与当地的马进行配种，培育出了“龙种”和“青海骢”等优良马种。吐谷浑人在从事游牧业的同时，伴随着一定的射猎业，这一点也与两汉时期的羌人非常相似。

此外，吐谷浑人也从事一定的种植业活动，以及其他的辅助性生业，同样是一种农牧混合型的经济方式。据周伟洲在《吐谷浑史》中的考证，吐谷浑的农业产区基本分布在河曲以北的地带，以及大小榆林地区，而且吐谷浑中从事农业者大多是疆域区内的羌民。[②]《周书·刘璠传》中有一则记载，“妻子并随羌俗，食麦衣皮，始终不改。洮阳、洪和二郡羌民，常越境诣潘讼理焉”。[③]说的是刘潘治下的羌民的生活习俗，主要仍以农业为主，同时也兼营畜牧业。吐谷浑所种植的主要作物，也仍是以抗寒、耐旱为主的粮食作物。《北史·吐谷浑传》云：“亦知种田，有大麦、粟、豆”，且其中又说，“然其北界气候多寒，唯得芜菁、大麦，故其俗贫多富少”。[①]《新唐书·西域传》载：“地多寒，宜麦、菽、粟、芜菁，出小马、犛牛、铜、铁、丹砂。”[④]值得注意的是，此一时期，伴随着冶金业的不断发展，可见当地也开始以铜铁开采为业，补充日常生活的经济来源。从史料中的记载也可以看出，吐谷浑的金属开采是非常发达的，《魏书·吐

---

① 李延寿撰，《北史》卷96，中华书局，1974年，第3186页。

② 周伟洲《吐谷浑史》，广西师范大学出版社，2006年，第112页。

③ 令狐德棻等撰，《周书》卷42，中华书局，1971年，第764页。

④ 欧阳修、宋祁撰，《新唐书》卷221，中华书局，1975年，第6224页。

谷浑传》中说这一地区“饶铜、铁、朱砂”[①]。《宋书·鲜卑吐谷浑传》则记载，吐谷浑境内的白兰羌“土出黄金、铜、铁”[②]。不仅如此，从文献中也可以推测出吐谷浑的金属冶炼业及制造业也是十分发达的，比如《梁书·河南传》中就曾提到吐谷浑向梁国进献了“金装马脑钟二口”[③]。

吐谷浑势力的扩大使得一部分羌人从青海地区进入西藏，另一些人则迁入了四川等边境以外的地区，继而也进入西藏，羌人在不断地迁徙过程中，同时也开发了西部地区。

① 魏收撰，《魏书》卷 101，中华书局，1974 年，第 2241 页。
② 沈约撰，《宋书》卷 96，中华书局，1974 年，第 2373 页。
③ 姚思廉撰，《梁书》卷 54，中华书局，1973 年，第 810 页。

第四章　唐宋时期党项羌与西夏的农业

魏晋南北朝时期不同民族间的大规模内迁和融合，大大推动了羌人的汉化。相当一部分羌人融入汉族中，特别是那些居住在雍、秦、凉三州城镇，或陆续迁徙到这些地区的羌族人，早已逐渐汉化并融入汉族中。以至于隋初，羌族的聚居区已经被压缩到很小，主要分布在岷江上游、黑水流域及其西北直至今青海南部一带，以及羌人原始居住地河曲及洮水、白龙江流域之外，[①] 隋唐之际，王朝对于少数民族地区的管辖采取了相对开放的政策，以羁縻州政策为主的少数民族地区管理政策在王朝得到大力推行。羌中豪酋大多封为刺史，部落羌人也被称为类似汉人的编户，羌区的形势总体稳定，只有极少数的种羌，如党项、东女、白兰等较为活跃，曾一度建立了自己的政权。因此，《旧唐书》中也有记载："魏晋之后，西羌微弱，或臣中国，或窜山野。"[②]

自唐代以来，位于岷江上游一带的羌人处于汉族和兴起于雅鲁藏布江流域的吐蕃人之间，成为汉族地区和吐蕃地区交流的纽带。在这种经济和政治联系的背景下，这些地区的羌人开始与唐王朝建立联系并有一部分羌人要求"入籍"，成为唐王朝的管辖地区。然而，还有另一部分羌人仍然处于吐蕃政权的统治之下。在历经北周、隋代和唐代三百年的发展过程中，青藏高原东北边缘广大地区的羌人中大多数同化于汉人或吐蕃人中。自唐代以后，除了北宋仁宗景祐年间，党项的一支拓跋氏的后裔，在今宁夏、陕西、甘肃陇东一带建立西夏政权外，其他西北和西南地区的羌人多被汉族及其他兄弟民族所同化。仅有岷江上游地区的少数羌人因为多种原因得以保

---

① 马长寿著，《氐与羌》，广西师范大学出版社，2006 年，第 159 页。

② 刘昫等撰，《旧唐书》卷 198，中华书局，1975 年，第 5290 页。

存和发展，相传至今。

第一节　唐代羁縻制度下的羌人

经过了近三个世纪的分裂割据与民族融合，隋唐统治集团已经从东夷之辨的旧格局中蜕变，而焕然一新。陈寅恪在《李唐氏族推测之后记》一文中提到，“李唐一族之所以崛兴，盖取塞外野蛮精悍之血，注入中原文化颓废之躯，旧染既除，新机重启，扩大恢张，遂能别创空前之世局。”[①] 随着民族间的交往和融合，各族先进的文化、技术也随之交融汇集，为隋唐的繁荣昌盛奠定了基础，正如清初王夫之所言：“汉唐之所以张者，皆唯畜牧之盛也。”

隋唐统治集团的核心，是来自北周时期鲜卑贵族发展壮大起来的所谓“关陇集团”。经历了魏晋南北朝的民族大融合，隋唐的统治阶级已经不再以华夷之辨来处理汉羌杂居的问题，而是秉承着中华安则四夷服的理念，贯彻更加开明和开放的民族政策。

这种民族政策带来的一个好处就是在朝贡体系的基础上，承认并加强边塞地区的通商与贸易，用经济手段来巩固中原与周边少数民族的关系。比如裴矩《西域图记》中称：“突厥、吐浑分领羌胡之国，为其拥遏，故朝贡不通。今并因商人密送诚款，引领翘首，愿为臣妾。”[②] 隋代与吐谷浑在承风戍设立边贸榷场进行贸易，[③] 隋大业五年，

---

① 陈寅恪著，陈美延编，《金明馆丛稿二编》，生活·读书·新知三联书店，2001 年，第 344 页。

② 魏徵、令狐德棻等撰，《隋书》卷 67，中华书局，1973 年，第 1580 页。

③ 慧立、彦悰著，《大慈恩寺三藏法师传　释迦方志》第四卷，中华书局，2000 年，第 14 页。

隋炀帝西征吐谷浑，设西海、河源、鄯善、且末四郡，征发国内徭役戍卒在甘青地区屯田。诸羌怀附，贡赋岁入。并在西北地区开展良种马的引种畜养以及新马种的培育。①

唐代建立以后，朝贡体系仍然得以维持，并成为联络西域诸势力的重要手段。唐武德八年，吐谷浑、突厥纷纷奏请与唐朝互市。贸易不仅仅为吐谷浑地区带来了经济收入，维持了边境地区的安定，同时还解决了内地因常年战乱导致的耕牛不足问题。

在唐代，人居关内道北部诸州的党项诸部和邻近的汉族、吐蕃等之间的贸易很活跃。党项诸部主要用他们自己的牲畜与汉族交换丝织品、珍珠、银、铜、铁，甚至武器和奴隶。商人们到北方向党项购买马匹的情况也很普遍。元稹曾在《估客乐》一诗中描述中唐时期边境贸易的繁荣："求珠驾沧海，采玉上荆衡；北买党项马，西擒吐蕃鹦。炎洲布火浣，蜀地锦织成。越婢脂肉滑，奚僮眉眼明。通首衣食费，不计远近程。经营天下遍，却到长安城。"②伴随着党项羌军事势力的增强，唐王朝多次下诏禁止内地商人与党项进行人口、马匹和兵械贸易，但是禁令越多，贸易越是繁荣。这种贸易情况也反映了人居西北各地的吐谷浑、突厥、回鹘等部族已成为唐代经济贸易体系中重要的一部分。

唐代在少数民族地区采用羁縻州制度，即通过因俗自治的方式，对少数民族进行恩威并济的笼络和管理。通过自治羁縻州，让少数民族地区依旧在原有的地方基层行政体系和管理机构中自治，并通过任

---

① 魏徵、令狐德棻等撰，《隋书》卷 3，中华书局，1973 年，第 74 页。
② 郭茂倩编，《乐府诗集》卷 84//《四部丛刊初编·集部》，上海商务印书馆，第 577 页。

命少数民族地方首领成为地方官员，并要求按期完成朝贡。中央实现了对少数民族地区的日常管理。羁縻州与中央的关系，较之于宗藩关系更为紧密。根据《新唐书》记载，唐代在东北、西北、西南设置了856个羁縻府州。[①]

《新唐书·地理志·羁縻州》中提到，羁縻州的设立一般针对少数民族聚居地区的部落列置州县。州县的刺史和都督均由朝廷任命当地部落首领担任，可以实际罔替，但须经过朝廷封授。军事上羁縻州可以保持地方武装，同时具有屯垦、戍边的多重功效。最后，唐代羁縻州制度一个很重要的作用就是促进了中央王朝和各民族的贸易往来，即所谓以互市为特征的经济羁縻政策。由地方羁縻政府定期向中央王朝进贡特产、方物。互市则是古代中央王朝与各个民族群体进行贸易往来，互市中为各个民族群体提供生活及生产必需品，并对各个民族群体实施控制的羁縻形式。

举例而言，唐代中期岷江上游羌人聚居地区先后设立松州、茂洲、翼州、维州、当州等羁縻州。其中："松州，辖嘉诚、交川二县，开元时户七百二十，乡六，贡狐尾、当归、犀、牛酥。茂州，辖汶山、汶川、通化、石泉四县，开元时户二千五百四十，乡一十三，贡麝香、升麻，赋麻布。元和时户六百九十，贡麝香、牙硝等。翼州，辖卫山、翼水、峨和三县，开元时户千七百一十四，乡七，贡麝香等，赋麻布。维州，辖薛州、定廉、盐溪三县，开元时户七百六十五，贡麝香等。当州贡麝香、大黄、当归、牦牛尾、羚

① 欧阳修、宋祁等撰，《新唐书》卷43，中华书局，1975年，第1120页。

羊角。悉州开元时户八百五十五，贡麝香、羌活等。静州，辖悉唐、静居、清道三县，开元时户六百七十二，乡二，贡麝香、牦牛酥等。”另外，西北地区羌人聚居区的羁縻州也有缴纳贡品和赋税的内容。“如鄯州，开元时户六千四百四十六，乡一十五，贡褐十匹，羚羊角两支，赋布、麻。廓州，开元时户三千九百六十四，贡麸金、大黄、戎盐、麝香。岷州，领溢乐、祐川、和政三县，开元时户三千九百五十，乡一十四，贡龙须席、鹦鹉鸟、牦牛酥、雕翎，赋布、麻。洮州，开元时户三千七百八十四，乡七，贡褐、酥。宕州，开元时户一千六百五十九，乡六，贡麸金、麝香，赋布、麻。河州，开元时户五千二百八十三，乡一十四，贡麝香、麸金，赋布、麻。”①由此可见当地可供销售的药品、麻布产量可观，酥油等畜牧及乳制品丰富，部分地区还有地表金矿可以开采。这些都是与中原地区进行经济贸易中的大宗产品。

第二节　隋唐之际汉藏逐鹿下的苏毗、羊同

苏毗本是羌族部落，在西北诸羌部落中势力最为壮大。《新唐书》记载：“苏毗，本西羌族，为吐蕃所并，号孙波，在诸部最大。东与多弥接，西距鹘莽峡，户三万。天宝中，王没陵赞欲举国内附，为吐蕃所杀。子悉诺率首领奔陇右，节度使哥舒翰护送阙下，玄宗厚礼之。”②内附以前的苏毗国，东至金沙江上游的通天河以西，与另一羌族部落多弥接壤；西至今天的青海索曲北源上流，唐古拉山附近；向

① 冉光荣、李绍明、周锡银著，《羌族史》，四川民族出版社，1985 年，第 157 页。

② 欧阳修、宋祁撰，《新唐书》卷 221，中华书局，1975 年，第 6257 页。

北与黄河以北同为羌族的吐谷浑为邻。根据敦煌吐蕃历史文书的记载，南北朝末期，苏毗在森波杰·墀邦松的领导下空前统一，成为拉萨河流域一支强大的军事力量，与吐蕃相对峙。到松赞干布之父囊日松赞时，他亲率精兵开始了对苏毗国的征服计划，攻占了其大本营宇那堡寨，杀掉苏毗国王，吞并了其领地和财产。松赞干布继位以前，象雄、苏毗等再度反叛，幼年亲政的松赞干布重新征服了苏毗，并对各邦进行封敕，在其治下设立“五茹”“六十一东岱”，管辖各个小邦。大量苏毗人自此融入吐蕃。

与苏毗国差不多同一时期的西北羌人还有羊同、多弥、白兰等羌。《隋书》记载，蜀郡西北两千余里为附国，其“西有女国。其东北连山，绵亘数千里，接于党项。往往有羌：大、小左封，昔卫，葛延，白狗，向人，望族，林台，春桑，利豆，迷桑，婢药，大硖，白兰，叱利摸徒，那鄂，当迷，渠步，桑悟，千碉，并在深山穷谷，无大君长。其风俗略同于党项，或役属吐谷浑，或附附国。”①

羊同也是青藏高原西北部的羌人部落。《通典》称：“大羊同东接吐蕃，西接小羊同，北直于阗。东西千余里，胜兵八九万人。其人辫发毡裘，畜牧为业，地多风雪，冰厚丈余。所出物产，颇同蕃俗。”②多弥与白兰、党项羌同源，其居住地与苏毗国和白兰羌相邻，大约在今天的金沙江上游通天河一带。

白兰羌很早便见诸史料记载，东晋时期常璩所撰《华阳国志》中

① 魏徵、令狐德棻等撰，《隋书》卷 83，中华书局，1973 年，第 1859 页。
② 杜佑撰，王文锦等点校，《通典》卷 190，中华书局，1988 年，第 5177 页。

已经有白兰羌的记载。[①]晚至元代，白兰羌之名仍见诸史料记载。“白兰羌，吐蕃谓之丁零”，按照国内研究者的考证，丁零实际上是指代汉代青海地区西羌部落中的“先零”或者“滇零”，[②]即前述王莽时献西海之地，东汉以后居大小榆谷的卑湳羌。[③]《通典》称“白兰，羌之别种，周时兴焉。东北接吐谷浑，西至叱利摸徒，南界那鄂”。[④]南北朝至隋代，生活在青海湖西南柴达木盆地南边的白兰羌人与吐谷浑交往密切，隋炀帝灭吐谷浑后，白兰逐渐壮大起来。到唐代时，吐蕃势力逐渐壮大。《唐会要》记载，“显庆中，白兰为吐蕃所并，收其兵以为军锋”。[⑤]

这些羌人夹杂在吐蕃、吐谷浑和唐王朝之间，或依附于强势的吐谷浑、吐蕃，或归附唐王朝。随着吐蕃在七世纪左右的逐渐强大，这些羌人部落大多为吐蕃所吞并。[⑥]

西藏地区羌人的经济来源也是极为复杂的。《隋书》中记载该地区“气候多寒，以射猎为业。出鍮石、朱砂、麝香、牦牛、骏马、蜀马。尤多盐，恒将盐向天竺兴贩，其利数倍。亦数与天竺及党项战争”。[⑦]

苏毗国同样从事农业耕种。《隋书》中描述了当地一种以鸟占岁

---

① 常璩撰，《华阳国志》卷 3，四部丛刊本，第 47 页。
② 王忠著，《新唐书吐蕃传笺证》，科学出版社，1958 年，第 29 页。
③ 陈宗祥，《试论格萨尔与不弄（白兰）部落的关系》，《西南民族学院学报》，1981 年第 4 期，第 21 页。
④ 杜佑撰，王文锦等点校，《通典》卷 190，中华书局，1988 年，第 5170 页。
⑤ 王溥撰，《唐会要》卷 98，中华书局，1960 年，第 1753 页。
⑥ 魏徵、令狐德棻等撰，《隋书》卷 83，中华书局，1973 年，第 1859 页。
⑦ 魏徵、令狐德棻等撰，《隋书》卷 67，中华书局，1973 年，第 1580 页。

的占卜方法，即剖开一种长相类似于雌雉的鸟，视其腹中内容物，如果是粟，则表示当年的收成丰盈，如果腹中多沙石，那么则表示当年有自然灾害。[①]这样的占卜方式有一定的道理，野鸟如果在日常采食中常常以粟为粮食，那么的确可以反映当年粮食作物的种植面积较大；反之，则来年必然会出现粮食紧缺的情况。《大唐西域记》记载，与苏毗国关系密切的东女国（苏伐剌拏瞿呾逻国），“丈夫唯征伐田种而已。土宜宿麦，多畜羊马。气候寒烈，人性躁暴”，[②]这一描述应该可以与苏毗国的农业活动互证。从这段较为简约的描述中，也可以看出青藏高原地区生活的羌人与汉代羌人的生产方式有非常高的相似度：一方面，他们多畜羊马，暗示他们可能过着季节性游牧的生活；另一方面，男性劳动力主要分配在种田和有季节性规律的劫掠活动上。就耕种而言，他们种植的也是能够有效解决夏季季节性粮食缺乏问题的宿麦，宿麦的种植能将冬季转场的时间空余出来，等到来年出冬场后再行收割。这也决定了种植活动不可能投入太大精力进行管理。由此也可以推断出，苏毗国羌人对于粮食的种植规模比较随意，或者说种植业并非是主业，结合当地高寒地区的自然地理气候，粮食产量普遍较低，当地人可能并不在农业耕种上投入太多的精力与时间，只是粗放地进行播种，而其收成则全依赖天气。而食物的不足，如果在贸易不能畅通的情况下，只能依靠季节性劫掠进行补充。

① 魏徵、令狐德棻等撰，《隋书》卷 67，中华书局，1973 年，第 1581 页。

② 玄奘、辩机原著，季羡林等校注，《大唐西域记校注》卷 4，中华书局，2000 年，第 345–346 页。

苏毗国的畜牧业同样很发达。《册府元龟》记载了苏毗王没陵赞及其子悉诺逻归降唐王时，陇右节度使哥舒翰的奏文，称："苏毗一番，最近河北吐泽部落，数倍居人。盖是吐蕃举国强授，军粮兵马，半出其中。"① 也就是说，吐蕃征伐苏毗以后，军事力量扩充了一倍。

苏毗国的劳动力有相当一部分投入战争劫掠中。《隋书》称"国内丈夫唯以征伐为务"，② 可见劫掠在该地区已经成为一种较为普遍的经济生业。《沙海古卷：中国所出佉卢文书（初集）》中记录了大量苏毗人劫掠的事例，比如国王敕谕部分编号 212 的底牍正面称："今有乌波格耶于本廷起诉，迦克和黎贝曾将几匹牝马赶到彼之耕地间放牧，苏毗人从该地将马牵走。现在彼等要求赔偿这些马。"③ 此外，也有成群结队的苏毗人对城镇的大规模劫掠，比如国王敕谕部分的第 272 件文书称："去年，汝因来自苏毗人的严重威胁曾将州邦之百姓安置于城内，现在苏毗人已全部撤离，以前彼等居住在何处，现在仍应住在何处。"④ 第 351 件皮革文书正面提到，"现在有众多苏毗人已经到达纳博（县）。……当汝接到此敕谕时，应即刻……哨兵……国土，绝不可使国土遭到侵犯。"⑤ 另有信函部分编号为 119 的底牍正面记录到："现本地传闻，苏毗人四月间突然袭击且末。汝应派哨兵骑马来

① 王钦若等编纂，周勋初等校订，《册府元龟》卷 977，凤凰出版社，2006 年，第 11313 页。

② 魏徵、令狐德棻等撰，《隋书》卷 83，中华书局，1973 年，第 1850 页。

③ 林梅村著，《沙海古卷：中国所出佉卢文书（初集）》，文物出版社，1998 年，第 70 页。

④ 林梅村著，《沙海古卷：中国所出佉卢文书（初集）》，文物出版社，1998 年，第 81 页。

⑤ 林梅村著，《沙海古卷：中国所出佉卢文书（初集）》，文物出版社，1998 年，第 97 页。

此。”[①] 由此可见，苏毗人经常组织大小不等规模的人群对鄯善国精绝、且末等地的居民进行袭扰，对州邦构成了严重的威胁。

女性在家庭生产中扮演了更加重要的角色。其国家也以女性作为政权首领，“其俗妇人轻丈夫而性不妒忌”。《通典》则称：“女子贵者，则多有侍男，男子不得有侍女。虽贱庶之女，尽为家长，有数夫焉，生子皆从母性。”[②] 带有很强烈的母系氏族社会色彩。女性在日常生活中除了可以照料牲畜，制作乳酪制品以及其他皮毛制品，同时可以采集一定量的药材进行销售，以补充收入。但这些收入并不足以保证苏毗人强大的部族势力，同时也不能稳固女性在家庭生活中所扮演的经济地位。能够为苏毗人提供强大经济支持的，一是制盐，苏毗国占据了今天的羌塘地区，该地区仍然是湖盐的重要产地。《隋书》中也记载该地区“尤多盐，恒将盐向天竺兴贩”。《唐、吐蕃、大食政治关系史》一书中则认为，女国主要是从北方突厥地区得到食盐，再向南贩往天竺和吐蕃，并因此将这条贸易之路称为“食盐之路”。[③]

除了制盐，淘金更可能是金沙江流域羌人重要的经济来源之一。这里自古便有“万粒黄沙一粒金”的说法，宋代因江中盛产沙金而改称金沙江。《大唐西域记》记载该地区“有苏伐刺拏瞿呾逻国，土出黄金，故以名焉。东西长，南北狭，即东女国也”。[④]《新唐

① 林梅村著，《沙海古卷：中国所出佉卢文书（初集）》，文物出版社，1998 年，第 274 页。
② 杜佑撰，王文锦等点校，《通典》卷 193，中华书局，1988 年，第 5276 页。
③ 王小甫著，《唐、吐蕃、大食政治关系史》，中国人民大学出版社，2009 年，第 27 页。
④ 玄奘、辩机原著，季羡林等校注，《大唐西域记校注》卷 4，中华书局，2000 年，第 408 页。

书·吐蕃传》中也记载与苏毗国相接壤的多弥国“亦西羌族，役属吐蕃，号难磨。滨犁牛河，土多黄金”。《旧唐书·东女国传》还提到“国中多敛金钱，动至数万”，其女王所着衣服极为华丽：“冬则羔裘，饰以纹锦，为小鬟髻，饰之以金。”[①]可见该地区黄金产量的丰富。象雄（大小羊同）所在的阿里地区，与苏毗国临近。周伟洲认为大羊同国即为女国，他提到，阿里地区（包括拉达克）盛产黄金，1602—1603年，一名葡萄牙商人在给印度果阿省会长讲述西藏情况时，提到越过莫卧儿帝国占领的克什米尔大山，到达一王国，“这个国王有丰富的金子和宝石，妇女们用金子和宝石装饰自己，这样人们就会认为他们是尊贵的。”[②]可见，羌人部族与印度等西域各国建立了贸易联系，无须进行复杂的冶炼和加工，就可以以金沙换取包括粮食在内的各种生活物资。

第三节　党项羌人与西夏王朝

党项羌是羌族的一支，隋唐时期，内迁至陕西、甘肃和宁夏一带。唐代时党项羌常与吐谷浑联合对抗吐蕃，吐谷浑被吐蕃灭国之后，党项羌归顺于唐王朝，被安置于松州。此后，归附的党项羌不断迁徙，最终迁至今陕西榆林一带的银州和夏州，当时这一地区的自然地理环境非常优越，水草丰茂，又适宜耕种。迁居于此的这部分羌人凭借自然地理条件的优势，不断壮大起来，到元昊称帝，党项的势力从河套地区一直拓展至河西，最终建立了盛极一时的西夏王朝。

---

① 刘昫等撰，《旧唐书》卷147，中华书局，1975年，第5278页。

② 周伟洲著，《唐代吐蕃与近代西藏史论稿》，中国藏学出版社，2006年，第25–26页。

榆林窟第三窟出土西夏时期壁画——西夏《牛耕图》

西夏王朝十分重视农业发展，农业在西夏的社会经济中占主导地位。

西夏农业受到汉的影响非常大，《西夏书事》中就提到，“西羌风俗，耕稼之事，略与汉同”。① 由于西夏王朝与宋代的交流频繁，因

① 吴广成撰，《西夏书事》卷 16，清道光五年小岘山房刻本，第 273 页。

此大量农具在此时传入西夏，甘肃榆林地区发掘出的西夏墓壁画中，就有牛耕图，而西夏贵族墓中出土的殉葬品中，又有牛耕模型和铜牛模型。按照牛耕图中的反映，西夏的牛耕应该是二牛抬杠在前挽拉，一人在后面扶犁。① 播种方面有撒播和用耧车耧播两种方式，农作物主要有黍、荞麦、水稻、大小麦、粳、麻、秫、豌豆、黑豆、荜豆等；栽培的蔬菜有葱、蒜、韭、芥菜、香菜、蔓菁、萝卜、胡萝卜、茄子等。

西夏很善于借鉴中原地区的农事经验，结合当地的自然物候，学习中原地区的颁布月令，来督促农业活动，西夏文类书《圣立义海》中就有月令的记载，其中有大量的物候和农业种植知识，如七月露降、鹌鹑鸣；八月后，放养牛马鸣配、孕驹，桃、栗、榛、蒲桃成熟，八月凉时收割庄稼，燕子飞回南海，八月末储藏干菜、碾谷；九月栗子、胡桃、李子成熟，伐木，虫子蛰伏，秋末大雁飞往东海，粳稻、大麦，春播灌水九月收；十月射雕，射猎和采集不种自成的野果；十一月冰厚坚硬，难以行船，看云色，预测来年的病、虫、水害；腊月鹊集巢，兽禽类相配鸣，腊月末，虎豹配，来年产子，修制耕具。各种农业时令以及物候学知识非常齐备，而且还针对病虫水害采取了一定的预警机制。西夏的农具主要有犁、镰、耧、铧、锹、锄、耙等，粮食的加工器具主要有碾、叉、碓、车、碌碡等。②

---

① 李玉峰，《河西地区所见几类西夏农具考述》，《丝绸之路研究集刊》，2019 年第 1 期，第 11 页。

② 张波著，《西北农牧史》，陕西科学技术出版社，1989 年，第 277 页。

西夏铁犁铧　1985 年出土于内蒙古自治区鄂尔多斯市伊金霍洛旗，现藏于内蒙古自治区鄂尔多斯博物馆。整体呈三角形，尖头有銎。銎部凸状，两侧边缘平整，銎口呈半圆凹形，肩部凸出。

公元 11 世纪，李继迁带领党项人攻占了兴、灵二州，也就是今天的宁夏一带，《宋史》中载，“其地饶五谷，尤宜稻麦。甘、凉之间，则以诸河为溉……岁无旱涝之虞”①。这一地区凭借优良的自然灌溉条件和良好的气候环境很快成为党项羌重要的粮食产地，《西夏书事》中描述此地为“国人赖以为生者，河南膏腴之地”，不久之后，李继迁又占领了当时被称为“天富之国”的西凉地区（今甘肃武威一带）和宜农宜牧的甘州（今甘肃张掖一带），以农业发展为务，大力开垦荒地，使这些地区很快就成为发达的农耕区。史书中还记载，宁夏贺兰山西北的“摊粮城”是西夏王朝的储量基地，银州的“歇头仓”，石堡城的金窖埚“窖粟其间以千记”，《西夏书事》中提到，“掘御庄窖粟数万，刘昌祚于鸣沙洲得积谷百万，巾子岌粟豆万斛，草万束”②。

① 脱脱等撰，《宋史》卷 486，中华书局，1985 年，第 14028 页。
② 吴广成撰，《西夏书事》卷 20，清道光五年小岘山房刻本，第 425 页。

此外，西夏王朝还重视兴修水利工程，其中最为著名的就是“昊王渠”，从青铜峡至平罗。昊王渠的修建使得国都以西的大片荒地变成良田沃土。对此，西夏王朝还专门颁布了规定有关水利设施和用水制度的《天盛改旧新定律令》。按《西夏书》中的记载，西夏王朝境内大小河渠共计多达68条，灌溉面积高达9万多顷。

西夏王朝的另一项支柱产业就是畜牧业，在《旧唐书·党项传》中就有相关的记载，“其种每姓别自为部落。一姓之中复分为小部落，大部落万余骑，小者数千骑……男女并衣裘褐，仍披大毡。畜犁牛、马、驴，羊，以供其食。……三年一相聚，杀牛丰以祭天。”① 西夏王朝建立之后，随着疆域的扩大，西夏的畜牧业也更为繁盛。西夏王朝的牧区主要分布于盐洲、银州、夏州以及以北的鄂尔多斯草原、额尔

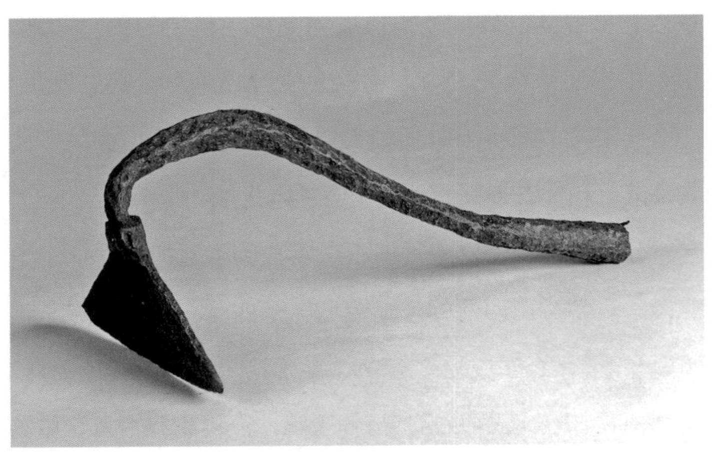

西夏曲柄铁锄 1985年出土于内蒙古自治区鄂尔多斯市伊金霍洛旗，现藏于内蒙古自治区鄂尔多斯博物馆。其锄面三角形，曲柄柄端有銎。

① 刘昫等撰，《旧唐书》卷198，中华书局，1975年，第5290–5291页。

济纳、阿拉善等地。西夏王朝专门设有“群牧司”，负责管理畜牧事务，其畜养的牲畜有牛、羊、驴、骡、马、骆驼、猪、狗、鸡、鹅等。其中，马是畜产品大宗，除自身备战、驮物之外，主要用于向宋辽金等国输出，用以换取必要的生活物资。史书中记载，西夏在对宋辽金等国的作战中，动辄损失牛马羊驼数万匹。出土的西夏考古遗址中，也经常大量出现牛羊骆驼的骨骼，此外，西夏的兽医技术也十分出名，在元代善于疗马的昂吉儿就出身于党项族。西夏在畜牧技术方面也是非常发达的，在西夏文字典《文海》中，就指出西夏的畜牧业有圈养和寻水草放牧两种方式。

狩猎业也是西夏人的辅助性生业之一，西夏地处原来的匈奴领地，有非常好的狩猎条件。西夏国御史大夫谋宁克任曾说：“吾朝立国西陲，射猎为务。”[①] 据记载，李继迁曾向契丹皇帝一次性进贡沙狐皮一千张，足见其狩猎规模之大，射猎物品之多。《圣立义海》载，十月之名义中有“十月黑风如鹿嚎声，风吹茅草，黄羊逃丛林，边地国人追射……御寇行猎”，可见十月在西夏是狩猎的季节。不仅主张民间的个人狩猎行为，还要有帝王亲自组织行猎，并进行军事演武。狩猎的主要动物，我们也可以在《圣立义海·山之名义》中找到一些详细的情况，比如贺兰山藏有虎、豹、鹿、獐，大小沟壑有顽羊和山羊，再如泽山、北黑山等地都有野兽出没。

依据其优良的自然地理条件，西夏的辅助性生业也十分发达，在盐洲一地盛产青白盐，党项人在早期就以青白盐与中原地区交换米

① 周春著，胡玉冰校补，《西夏书校补》卷 8，中华书局，2014 年，第 1353 页。

麦。《续资治通鉴长编》中提到，元昊时，该地区年产盐量可高达10万石，一度使得宋代采取经济制裁，禁止青白盐的输入。[①] 西夏的货物出口，也以盐和马数量最为巨大。

而这一地区的中药材资源也非常丰富，包括青白盐在内，主要还有大黄、蜜、麝脐、甘草、蜡、羱羚角、红花、苁蓉、柴胡等。西夏印行的中国历史上第一部用少数民族文字印行的法典《天盛改旧新定律令》在卷17中就开具了二百三十二味中药的名称，而一些出土的西夏文书中，还有内容丰富的药方记录。[②]

---

① 李焘撰，《续资治通鉴长编》卷145，中华书局，2004年，第3507页。

② 聂鸿音，《西夏〈天盛律令〉里的中药名》，《中华文史论丛》，2009年第4期，第22页。

第五章 明清以来的岷江上游羌族农业概貌

岷江上游的羌人来源构成较为多样。《后汉书·西羌传》中描述了秦穆公时期，羌人中的一支始祖无弋爰剑，附落而南，出赐支河曲数千里，进入岷江流域的历史过程。

忍季父卬畏秦之威，将其种人附落而南，出赐支河曲西数千里，与众羌绝远，不复交通。其后子孙分别，各自为种，任随所之。或为氂牛种，越巂羌是也；或为白马种，广汉羌是也；或为参狼种，武都羌是也。忍及弟舞独留湟中，并多娶妻妇。忍生九子为九种，舞生十七子为十七种，羌之兴盛，从此起矣。①

两汉期间，汉羌战争的频繁发生也促进了羌人的迁徙和流动。永初二年，广汉塞外参狼羌降，分广汉北部为属国都尉。即将羌人安置到了涪江和岷江上游一带。

隋唐时期，羌族继续进入藏彝走廊，即今天的川西北地区，特别是在岷江上游地区。在这里，羌人的势力得到了很大的扩展。隋代，羌人的分布范围显著扩大，会州地区，即今天茂县、汶川一带，仍有大量尚未归化的诸羌。唐代曾在松、茂二都督府之下设众多羁縻州，这些羁縻州据《旧唐书·地理志》记载，亦多系招慰“生羌”所置。②而与此同时，吐蕃的势力逐渐壮大，也导致位于汉藏之间的羌人摇摆于唐王朝和吐蕃之间。

在唐代，西北羌人部落再次向南迁徙，并扩大了他们在岷江上

① 范晔撰，《后汉书》卷87，中华书局，1965年，第2875–2876页。
② 刘昫等撰，《旧唐书》卷41，中华书局，1975年，第1683–1711页。

游地区的势力范围。这奠定了羌人在此地区分布格局的基础。唐代后期，羌人在岷江上游地区以茂州、威州和松州为中心，形成了一定的分布格局。这种格局一直延续至今。历史记录表明，唐代后期以及宋、明时期，岷江上游的茂州和威州是羌人居住最为集中的地区。在宋代，《太平寰宇记》中记载了这些州的风俗，表明当时这些地区主要是由羌人居住的。《明实录》和《四川总志》中也有相关记载。

自唐以来，羌人在藏彝走廊的活动和分布已经逐渐固定于茂州、威州、松潘一带，向东到石泉，向南到青衣江流域。根据史料记载，羌人的存在和活动主要限于岷江上游、青衣江流域和越嶲地区，与居住在当地的“夷”系人群发生了相互交接和混居。这个地带恰好位于青藏高原和川西平原相交接的边缘地带，海拔大体在 1 000～2 000 米，也是羌族和嘉绒藏族相交接的地理带。这个地区是自唐以来汉、藏之间的地理间隙带，成为西北南下的羌人的主要活动区域。

第一节　明代土司制度下的羌族发展

明代羌族施行的土司制度向上可以追溯到唐代的羁縻州。羁縻州原则上属于中央管辖的地方行政体系，同时承认当地的原住民头目，并纳入朝廷管辖，具有一定地方自治的色彩。到宋代时，朝廷在岷江流域的羌人聚居地区沿用羁縻州制度，霸、保两州归威州管辖，沿用唐代的家族世袭的刺史任命制。茂州、松潘、黑水、北川等地则实施“民选州将制”。到北宋后期，岷江流域的羁縻州领主在朝廷的干预下，纷纷纳土入官，羁縻州制度宣告结束。

元代时，朝廷在岷江上游设茂州，下辖文山、汶川两县，同时下

汶川瓦寺宣慰司官寨全景（亨利·威尔逊拍摄于 1908 年）

设安抚司、千户所、万户府的层级管理机构。又在松潘、客叠、威、茂等地设置军民安抚司，管辖区域包括今天的阿坝藏区西北部和岷江上游，并任用土人为达鲁花赤、长官、副长。这一制度成为土司制度的滥觞。

明代设计土司制度的基本理念是：

> 踵元故事，大为恢拓，分别司郡州县，额以赋役，听我驱调，而法始备矣。然其道在于羁縻，彼大姓相擅，世积威约，而必假我爵禄，宠之名号，乃易为统摄，故奔走惟命。①

---

① 张廷玉等撰，《明史》卷 310，中华书局，1974 年，第 7981 页。

明人认为，元代在民族地区所设计和施行的行政建制，其目的在于收取赋税，同时听从中央政府的驱调。但弊端在于不能解决豪强大户壮大势力，互相勾连，难以节制的问题。因此，通过朝廷封官的方式对其加以控制，则可以使他们对于朝廷有所认同，并甘愿为朝廷效力。

明洪武四年，明朝军队进入川蜀地区，一路南下平定四川。各处土族首领皆纷纷前来归附。明廷故此采取了原官新授的办法，按照功绩大小、尊卑差异而给予土官宣慰司、宣抚司、招讨司、安抚司、长官司等不同官衔。洪武六年，茂州土知州杨者七等土官向中央朝贡。洪武十一年，设置茂州卫指挥使司，下设叠溪右千户所、陇木长官司、静州长官司等。洪武十二年，设置设松州卫指挥使司，并将潘州并入。洪武十四年，又在其下安置招抚的十七族长官司和五个安抚司。洪武二十年，将松州卫改为松潘等处军民指挥使司，并改松潘安抚司为龙州。自此，各州土司渐成规模。此后，多数情况下土司仍采取世袭的方式，永乐以后，土司进京授职的流程也被简化，而改由上级官员勘查，递呈抚按，就地承袭土司职位。也有一些情况下，土官因“抚番无术”而被罢免，但被罢免之后仍由其族裔接任。

在明代建立土司制度的同时，还建立了一套比较严密的军事和治安体系。明初设立平羌将军都督府，平羌将军御史大夫镇守松潘、威、茂等地。都督总兵官负责镇守威、茂，而松潘则由两名都指挥镇守，分别驻叠溪和龙州，互相巡视。宣德年间设布政司布政使，正统年间设都御史，成化年间设兵部侍郎，弘治年间则专设整威、茂等处地方兵备，设按察司副使、协守参将和协赞游击将军等职位，以维护地方的军事和治安。同时，还建立了大量的关、堡、墩台等防御设施。

明廷设计土司制度默认将封官予爵作为与地方土官进行政治权力交换的筹码，带有一定理想主义的色彩。而明初该制度之所以能够维持稳定的运行，主要是基于明代初年强大的军事势力和中央源源不断的财政支持。明中期以后，国运渐颓，没有岁禄的土司官员只能从当地进行盘剥，加重了羌民的负担。

在明代，土司需要履行朝贡的“义务”，定期前往北京朝见皇帝，并献上本地珍贵的土特产品，例如马匹、药材、核桃、油竹笋等。朝贡的时间、人数和物品都有规定。例如，叠溪长官司每三年献上四匹马，岳希长官司每三年献上三匹马，静州长官司和陇木头长官司每三年献上两匹马。而瓦寺土司每三年献上七百六十四名喇嘛、番僧等人，并备上七百六十四份进贡物品。贡品在经济上并没有实际意义，只是臣属关系的象征。[①]

对于献上朝贡的土司，明皇帝会给予丰厚的赏赐，以示笼络。赏赐的多少会根据土司的品级而定，例如三品或四品土司可获得一百两银子和三匹表里缎等物品，而八品或九品土司只能获得五十两银子和一匹表里纸缎。通过献上朝贡，土司也能获得不少财富。例如，瓦寺土司赏赐了三百八十二名人，一千一百四十六两银子，二十四匹表里缎绢，三千七百零八匹熟绢和二十一担半纱。回到四川后，他们仍需向布政司缴纳茶课银子，但可以将赏赐的一千三百七十五两二钱中的

① 顾祖禹撰，《读史方舆纪要》卷 67，中华书局，2005 年，第 3190 页。

三百八十二名人继续得到奖励。

在土司制度下，土司必须服从其所在地方的政权机构，并且有些土司每年还需要向其上级政府交纳一定数量的粮赋，包括荞麦、青稞、黄豆、黄蜡、大布和马匹等。但并非所有土司都需要交纳这些粮赋。虽然粮赋数目较少，但土司必须按时交纳，以充作兵粮，以此表现其对上级政府的从属关系。

除赋税一项外，明代在内外战争中也广泛使用土司军队。例如，清代《牟托巡检司碑》记载，明天启九年[①]，世祖折未加奉剿蔺贼，战争中损伤了两名辅佐土司管理羌人的亲信土舍和两千名土兵，同时失去了官印。[②]静州土司法宝、岳希土司坤元孙，都曾多征调白草羌、水磨沟等地的羌人，参加军事行动并屡立战功。陇木土司在正德十三年时，率军征伐并在五寨、三沟和白草等地打了几场胜仗。瓦寺土司在康熙五十九年和乾隆五十五年都调动了土兵，分别用于护送粮饷和驱逐入侵者。土司军队还参与了镇压白莲教起义和其他民族反抗的行动。

羌族土司统治地区的经济形态基本上是封建领主制度。羌族地区的统治阶级由受封建王朝分封的土司和土司的近亲土舍以及土司之下的大头人组成，他们是农奴主和农奴主的代理人。被统治阶级则是称为“百姓”的农奴和少数家内奴隶。土司对于辖区内的羌汉民众拥有最高统治权，掌握所辖地区的全部土地、森林、水利等主要生产资料，而仅在一定程度上受制于封建王朝的州、县地方政权。大头人是

① 原文为天启九年，天启止于七年，故天启九年实为崇祯二年（1629 年）。

② 曾晓梅、吴明冉集释，《羌族石刻文献集成》，巴蜀书社，2016 年，第 1269 页。

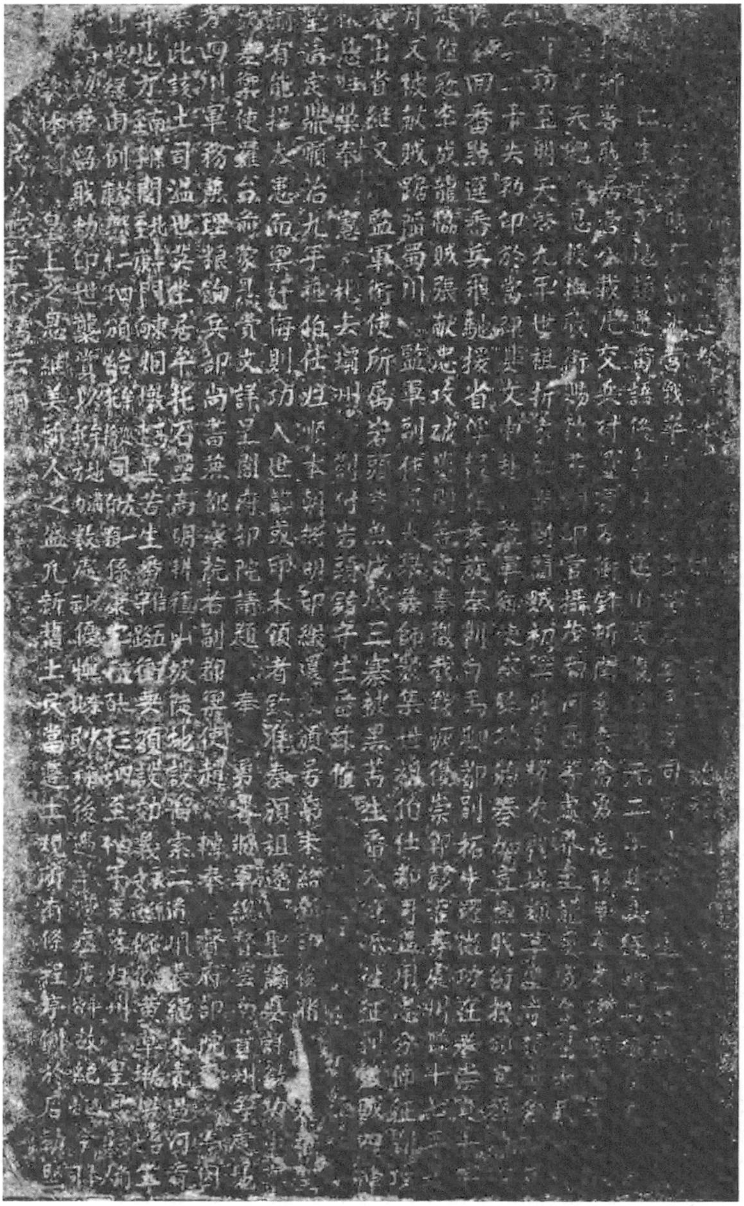

牟托巡检司碑碑文拓片　牟托巡检司碑由牟托巡检司功德碑和牟托巡检司土规碑两块石碑组成，现存茂县南新镇牟托村。

土司的辅佐，有的亦被土司分封以土地，占有一些农奴，但并不具备所有权，土司仍然可以随时处理这些财产。百姓没有土地，因此必须向土司领取一份土地耕种，由此而产生对土司服无偿劳役、兵役、纳粮，以及承受种种苛刻的摊强。在当地称为“领一份地、交一份粮、当一份差、出一个兵”。

这一制度加重了对于民间百姓的盘剥。岷江流域的高山河谷地区，土地等级优劣差异化严重。沿河地带有肥沃的良田，高半山坡则往往是贫瘠的碎石沙土。高山地区山麓的向阳面有充足光照，昼夜温差大，易于作物进行光合作用。背阴面则终年阴冷，不利于作物生长。加之困扰当地种植业发展的另一个重要因素是水源，要在平均海拔 3 000 米的大多数山地地区开渠凿井几乎不可能。而引冰川融雪进行灌溉则又需要考量所在地区的地理位置。也就是说，在这种经济体制下，土司掌控着所辖地区的所有生产资料，同时也掌握了百姓的生存命脉。百姓只能从土司那里领取一份土地来耕种，并要承担种种义务和摊派。土司统治下的农奴与农奴主之间形成了严格的份地制度，农奴对农奴主存在人身依附的关系，而农奴主则利用这种关系和自身的封建特权对农奴进行超经济剥削。百姓每年必须向土司缴纳固定的租粮，包括正粮和各种副粮，以及各种税钱和额外摊派。百姓的一切农、副产品都必须缴纳一部分作为租税贡纳给土司。在岳希长官司所管辖的地区，水源也被土司垄断出售，百姓想要用水，需以一斗玉米一潭水的价格购买，如果财力不济，只能承受颗粒无收的风险。此外，百姓如果需要从土司所有的山林、牧场、药山中取得资源，还需要向土司缴纳礼金。如果百姓没有按时缴纳各种费用，就会受到枷杖的惩罚。在这种经济体制下，土司成为社会中的最高统治者，而百姓则处于被统治的地位。

在清初期，对明代以来的羌族土司仍然进行了二十余处的封任。然而，土司制度下的高额租税和无偿劳役，以及其他的剥削行为，严重阻碍了羌族人民的发展和生产积极性，导致了不断的反抗斗争。羌民反抗的对象不仅包括土司，也包括中央封建王朝。同时，土司之间也互相倾轧，争战不休，严重影响了社会秩序的稳定和生产的正常进行。有些土司则随着辖区的扩大、力量的膨胀和官阶的上升，滋长了政治野心。清乾隆十四年，清王朝开始在羌族地区推行“改土归流”。

在改土归流后，羌族成为封建王朝的编户，并且需要向地方政府缴纳税款。此前，纳税是以实物形式交纳，但现在已经改为折算成白银上缴。例如，一些村庄将稞子折算成仓斗米，再折算成白银，而另一些村庄将布折算成白银。这种折算制度对羌族地区的经济发展起到了一定的刺激作用。

由于取消土司制度，羌民不再服役于土司，而是向地主纳税。在此之前，已经存在土地转让的现象，但需要得到土司的批准并承诺纳税义务。这种转让实际上是一种买卖关系。归流后，羌民只需向州县纳税，耕种的土地变为私有，并可以正式买卖。不过，这种情况仍然不常见。至于山林，原则上仍然归寨公有，只有少数受到汉人影响较大的寨子经过大家同意后分给各家私有。

劳役地租转向实物地租，一般实行“分庄制”，主佃双方按正副产物各得一半，称为活租或分租，也有实行定租的。少数地方仍然存在以工抵租的现象。随着商品经济的初步发展，高利贷变得盛行起来。封建地主制度在这个时期开始确立。

第二节　明代岷江流域的茶马交易

在中国历史上，“茶马古道”是一条连接中国内地和西南地区的古代商路，主要运输的商品是茶叶和马匹。在这条商路上，藏族人民将茶叶视为必需品，因为青藏高原地区不适宜种茶，所以茶叶需要从中国的四川和云南等地运输到西南地区，然后换取西南地区的马匹等土特产返回内地。

“茶马古道”的历史可以追溯到汉代。在西汉时期，川茶已经成为西南地区重要的贸易商品。当时，蜀地商人常以本地特产茶叶与大渡河外的牦牛夷邛、筰等部交换牦牛和筰马。在唐代，文成公主和金城公主的婚姻带来了唐蕃政治、经济和文化的大交流，这使得吐蕃社会产生了对汉文化的崇慕之风，唐人的饮茶习惯也传入吐蕃，逐渐成为当地的社会风俗。

宋代，中央政府正式建立了茶马互市制度，并且随着茶马贸易的增加，茶马古道也有了更广阔的发展。由于当时所易之马主要产自青海一带，因此大量的川茶都是从川西的邛崃、名山、雅安和乐山等地经过成都、灌县（都江堰）和松州（松潘），通过甘南，输入青海东南部，然后再分运至西藏和青海的各个地区。这条线路到明代时期也逐渐成为川藏茶路中重要的一条“松茂道”，即从都江堰所在的灌县古城出发，沿岷江流域上行，经理县、茂县、汶川、松潘，向北经若尔盖草原进入青海。

因为羌族独有的地理位置，其成为沟通关中与成都的重要军事缓冲带和经济中转站。同时，羌族又是夹居于汉藏之间，充当了汉藏民族交流的纽带与桥梁，是对藏施政的桥头堡，同时也是汉藏物资交流的重要贸易通道。茶叶、盐、布匹等经济物品都经过这条道路，商旅往来频繁，使其自唐代以来便成为朝廷在西南地区的经济重镇。

在这条重要的经济通道上，白草羌地区和松潘地区都是重要的交通枢纽。如前所述，明代初年朝廷便在此处设置龙州宣抚司，并由薛姓土司任宣府使，下辖白马番、木瓜番和白草番。大约对应了北川一带和平武南部的羌族聚居地区。《明史》中称："东路生羌，白草最强，又与松潘黄毛鞑相通，出没为寇，相沿不绝云。"[①]《读史方舆纪要》则称，白草羌在龙安府西南四百里，东抵石泉约七十里，西抵南路生番，南抵茂州番，北抵平武境内。"凡十八寨。部曲素强，恃其险阻，往往剽夺为患。"[②] 白草羌一带的羌人部族的壮大，一定程度上也说明了该地羌民与外界交通的紧密，同时也说明了羌人在这条军事经济交通要道上，把控着核心的资源。由是，明代中后期白草羌多次起兵叛乱：宪宗成化二年，白草羌五百余人劫掠龙州。成化四年，寇扰安县、石泉等地。嘉靖十四年，白草羌起事，朝廷派八百人进行镇压，羌人反击，攻下城池并放火烧毁了衙署。嘉靖二十三年，羌酋打出了皇帝旗号，带领数千羌兵攻占平番堡。此次战役使得朝野大震，派何卿与张时彻"讨擒渠恶数人，俘斩九百七十有奇，克营砦

① 张廷玉等撰，《明史》卷 310，中华书局，1974 年，第 8023 页。

② 顾祖禹撰，《读史方舆纪要》卷 73，中华书局，2005 年，第 3401 页。

四十七，毁碉房四千八百，获马牛器械储积各万计”。[①]此外，朝廷以“革抚赏、断茶、永塞八龙之路”威胁，使得羌民归降。

此外，朝廷在此地修建了永平堡以供防卫，并修建道路以保障羌民的生活便利。而在白草羌以备的松潘地区，朝廷既要保证该地区的稳定，同时也要把控地区的经济命脉。正统十二年（1447 年），提督松潘兵备右佥都御史寇深上奏请求朝廷监修道路，以确保军队和民众的顺畅通行。经过修葺，松潘道路不仅满足了军队需要，同时也加强了疏通茶马古道，推动了边关地区的茶马贸易。

顾炎武在《天下郡国利病书》中称：“番无稷也，羌人以牛羊乳及羌根为食，以茶为饮，茶则无以为饮，而食亦不多。”[②]饮茶的确可视为边区游牧民族的饮食生活习惯，但以顾炎武为代表的士大夫阶层在不饮茶则病的观念影响下，朝廷已经将茶叶视为控制番邦的物资命脉。《明史》中记载，“番人嗜乳酪，不得茶，则困以病”。[③]唐宋以降，朝廷已经制定了通过茶马互市的经济手段来管控羌人的方法，而这一制度到明代时尤为重视。对于西南地区的茶马交易给予了严格的管控。

洪武三十年（1397 年），朝廷已经开始禁止私人将茶叶带出境，并在四川的“布政司”和“都司”颁布了禁止私茶的命令。在明代认为番地都在使用“秦蜀之茶”，因此通过榷茶控制茶叶交易，以达到控制夷狄的目的。[④]故此，洪武十九年，明廷在羌族地区设置了碉门

① 张廷玉等撰，《明史》卷 210，中华书局，1974 年，第 5590 页。
② 顾炎武撰，《天下郡国利病书》卷 58，清光绪五年桐华书屋刻本，第 4 页。
③ 张廷玉等撰，《明史》卷 80，中华书局，1974 年，第 1947 页。
④ 龙文彬撰，《明会要》卷 55，中华书局，1956 年，第 1059 页。

茶马司和雅州茶马司来管理茶马贸易，并规定茶马司的品级为“正九品”，茶马司内设有“大使”和“副使”官职。[①]在洪武十九年二月，朝廷又在天全六番招讨司设雅州茶马司。

此后，朝廷又在秦州、洮州、河州、雅州等地与产茶之地纷纷设立茶课司，集中管理茶马交易，控制茶叶从生产到运输再到销售的上下游链条，设立官府规定的茶马运输通道，从碉门、黎雅经由朝廷的官道，到达西藏地区的朵甘、乌斯藏，“行茶之地”约五千里，从而对川地的茶叶实施官方垄断经营，边民也仅能从官府手中购买茶叶。在朝廷的垄断式经营下，出现了茶贵马贱的情况。

茶马司设立以后，其生产与经营环节则由皇家直接管控。《明史》记载，宣德五年，六番招讨司奏：“旧额岁办乌茶五万斤，二年一次，运付碉门茶马司易马。今户部令再办芽茶二千二百斤，山深地瘠，艰于采办，乞减其数。”帝令免乌茶只办芽茶。乌茶是因绿茶的叶绿素脱镁反应，其外观自然氧化变成了黑褐色或乌黑色，习惯上称之为“黑茶”，便于长时间运输，是边销茶的主要品种。据明代万历年间王圻的《续文献通考》记载：是年正月，礼部主事高惟宁上书，提出“土瘠人繁，每贩碉门乌茶等博易，羌货以赡其生，乞许天全六番招讨司八乡之民，悉免徭役，专蒸乌茶运至岩州，置贮仓收贮，以易番马，比之雅州易马，其利倍之”。[②]

但相较于乌茶而言，芽茶显然价格更高。明朝廷控制茶叶贸易，提高茶价，通过干预指派茶马司办茶数量与品类，从产茶源头控制羌

---

① 张廷玉等撰，《明史》卷 75，中华书局，1974 年，第 1849 页。

② 王圻撰，《续文献通考》卷 22，清光绪八年浙江书局刻本，第 21 页。

川西地区茶叶搬运工

（亨利·威尔逊拍摄于 1908 年）

民的采办，羌区地形险要，乌茶采摘艰难。户部宣德五年命令羌民再办芽茶，但羌民不能承受多采摘之负荷，请求减少采摘量。皇帝下令免去乌茶以缓解困境。洪武二十一年，四川布政使司上奏朱元璋，称自从设立了茶马司专收茶叶进行茶马交易以后，当地的百姓均不敢私采茶叶。导致羌民与蜀中西番诸羌的贸易受阻，无茶可卖。于民而言，减少其收入来源；于官家而言，则损失了边贸赋税。并请求朝廷批准“令民间采摘，与羌人交易”。①

除去生产环节，交易环节也必须要由朝廷牢牢把控。羌民茶叶悉由官员收购，交易只能在茶马司完成。如此一来，官员可以任意压低收购价格。另外，明代政府对茶户征收高额税款，比例从三十分之一到十分之一不等，高额的税收固然可以给朝廷换取马匹提供重要的财政支撑，但也大大增加了民众的税收负担。这种垄断贸易严重破坏了当地的经济结构，民办时，“茶户向与西番贸易”，朝廷征收税收，羌民从中获利，但官府收归茶叶后没有课税可收。而羌民的茶业收益却被朝廷攫取殆尽。洪武二十一年，四川天全六番招讨司副招讨杨藏卜上奏朝廷，称本司茶农过去一直以来都与西番蛮人开展边贸，政府每年可以从中抽取一万四千余贯的交易税。而自从“茶株取勘在官”后，经营过程收归朝廷，茶叶屯入官库，大大限制了货物和资金的流动，导致边贸活动无法正常开展，税额下降。与此同时，明代赋税陪纳制度又规定赋税未能足额缴纳的情况下，该地区的乡民则要背负应纳赋税的亏空。由此引出一系列连锁反应，最终的结合则可能是导致

① 王圻撰，《续文献通考》卷22，清光绪八年浙江书局刻本，第15页。

流民，甚至激起民变。而地方上在请求收购茶时“乞从民便”，让民众在茶叶收购时自由交易，缓解羌民生活困境，尽管得到了皇帝的允准，但实际的执行并没有得到落实。以至于永乐十三年，四川长河西、鱼通、宁远等处军民宣慰司再次奏称：“西方（番）无他土产，惟以马市茶为业”，朝廷将茶“禁约之后”，羌民“生理甚艰”，再次乞求朝廷允许“开市”，能让“民有所养”。①

明廷设立茶马司控制茶马交易，禁止私茶交易。然而，由于私茶交易带来的高额利润，许多商人冒险违法走私私茶，尤其是在边境地区，因为地理条件复杂，商人们往往可以运送私茶走捷径，成本低，利润高，价格低，比官茶更具优势。明代政府禁止私茶交易是为了维护朝廷的利益，禁令最初执行得非常严格，规定私茶与私盐一样，出境者论死。然而，由于私茶带来的利润过高，禁令实施困难，明代政府开始放宽对私茶的控制。尽管如此，朝廷仍然设法控制私茶的流通，如减少派遣差官的次数，但私茶最终还是未被禁止。

在对茶马贸易的垄断经营中，马匹也是朝廷非常重视的资源，同时也是与羌民生产生活息息相关的经济要素。马匹是冷兵器时代作战的必需品，也是军需物资。因此，朝廷通过从牧区收购马匹或者用茶叶来交换获取马匹，并将其运往前线。

茶马交易是由朝廷控制的经济活动，用来获取大量马匹。这些马匹主要来自羌藏地区，而天全则是一个重要的马源地，因此对于朝廷来说，天全的贡献非常重要。在洪武初年，番商从长河西等地带着马

---

① 李国祥、杨昶主编，黎邦正等编，《明实录类纂》（四川史料卷），武汉出版社，1993年，第1106页。

匹到雅州茶马司来交换茶叶。茶马司规定了一套标准，即每勘中马换取一匹马，给予一千八百斤茶叶。如果雅州的茶叶供应不足，碉门茶课司可以提供支援。然而，在洪武二十二年，四川岩州卫长官认为朝廷支付的茶叶太多了，建议减低马匹的价格。他认为朝廷应该在岩州设立茶马司，让碉门茶课司将茶叶运送到那里。虽然雅州是茶马交易的主要地区，但岩州是一条必要的通道，岩州卫长官认为他们应该取代雅州的地位。朱元璋最终驳回了设立新茶马司的建议，并重新规定了茶马交易的价格标准：一匹上等马与一百二十斤茶叶相当，一匹中等马则只值七十斤茶叶，一匹驹马只值五十斤茶叶。这个价格标准对于番商来说是强制性的。此前，一匹中等马价值一千八百斤茶叶，而现在则是七十斤茶叶，差距几乎达到了20倍之多。在明代初期，茶马的价格相对较高。例如，在洪武二十年，四川雅州碉门茶马司的茶马交易价格是一百七十多匹马和骡子与驹的总和，价值为一十六万三千六百斤茶叶。按照这个价格标准，平均一匹马可以换取九百六十二斤茶叶，无论马匹的品质如何，价格都是一样的。换句话说，即使按照洪武二十二年规定的价格标准（一匹中等马只值七十斤茶叶），朝廷仍然剥削了羌民。

朝廷还强制要求羌民必须以马匹课税，并规定了羌族马匹上缴的期限。如果超过期限，将会受到不同程度的惩罚。例如在弘治十六年（1503年），四川松潘卫白马路长官司因为将马匹上缴的时间推迟了而被减少一半的赏赐。但岷江流域的高半山坡道路通行十分困难，暴雨和泥石流等地质灾害会冲毁道路，导致行程延误是很普遍的事情。更不用说道路艰险难行，人畜在跋涉途中也有可能导致意外和死亡，这样的规定对羌民来说非常苛刻，而赏赐减半的惩罚也是经常发生的。总之，朝廷在茶马交易中拥有绝对的主导权。

除了茶叶，朝廷也会通过对其他羌民的经济产品换算成马匹课税。比如羌族地区生产的以山麻或火麻织造而成的厚麻布、当地产出的纸、姜等，都要换成马匹来缴纳税收。

第三节　清代至民国地方志中所见的羌族农业

岷江上游地区可耕种土地主要分为三类。即沿溪水或河水两岸地势较为平整的土地，当地人也称为“水田”，这些地区土壤肥沃，土质细腻肥沃，灌溉也十分方便，可以种植麦子、玉米等粮食作物和蔬菜。第二等土地为半坡土地，常常伴有砂砾，土壤犁耕殊为不易，较好的情况下会有冰川融雪形成的溪流或泉水可以灌溉，但高寒和常年

民国初年汶川地区的二牛抬杠
（戴维·甘博拍摄于1917—1919年间）

的积雪对农作物有较大影响，一般来说一年仅可产出一季，种植耐高寒的莜麦为多，但如果遇到干旱，便有可能亏本。羌人也有耕种之前询问释比（不脱离生产的巫卜人员）的习惯，根据问卜结果决定当年是否进行耕种。最差的土地为海拔较高的高原草甸，只能对牧草加以利用和开发，或农闲时节采挖一些野生药材，如贝母、虫草等。即所谓“高山作物其耕作及籽种与半山不同，半山又与山麓不同”。①

岷江上游地区高山河谷的土壤条件贫瘠硗薄，加之气候环境劣势比较明显，从事农业耕作风险较高，主要矛盾是地广人稀，劳动力不足，极不适于精耕细作。对于荒地的开垦，部分地区仍然沿用了火耕的方式。于秋季防火焚草，次年种植粮食则不用施肥。耕种时，先用牛犁耕一次地，然后将麦种撒在田中，铧犁等金属农具因当地不产，全需从外面购进，因此形制和规模也比较小。连枷的制作也比较简陋，仅用两三根木条捆扎而成。当地还有一种耕种方式比较奇特，即在山坡砾石之间抛撒种子，任其生长，毫不经营，也可以得到收获。

在农业生产方面，除了传统的大麦、小麦、荞麦、燕麦和青稞等作物，高产的玉米已于嘉庆年间传入茂州并逐渐普及，逐渐取代了青稞、小麦、荞麦等传统主粮的地位。另外，一种优良的马铃薯（洋芋）品种“王洋芋”也在光绪年间传入羌族地区，并迅速成为主要粮食作物之一。

民国二十五年对于茂县的调查显示，当地种植作物主要有玉米（当地称为玉麦）、小麦、莜麦、青稞、马铃薯、荞麦、青大豆和黄大

① 佚名撰，《民国北川县志》卷9，民国二十一年抄本，第3页。

民国初年羌族村落打谷场景（戴维·甘博拍摄于 1917—1919 年间）

豆。其中玉米和小麦的种植最为普遍。[①] 在岷江流域高半山坡山势较陡的山谷村寨，沙质土壤较多，种植作物以马铃薯和青稞为主。整体来看，这一地区因为土地贫瘠，且气候酷寒，全年无霜期短，且高山河谷地区常年风势很大，往往导致玉米授粉困难，因此，粮食作物的产量较低。在玉米小麦低产地区，很多羌民甚至选择不种小麦，取而代之的是大量种植马铃薯，作为淀粉类粮食的补充。

在道光年间的《石泉县志》中，记载当地的物产除了上述作物，还有两种稻类。一种称为晚稻，一种为稬（同“糯”）稻，当地人称“酒谷”，似乎是专门用于酿酒的粮食作物。[②]

---

① 民国边政设计委员会编汇，《茂县概况资料辑要》，民国二十五年油印本，第 34 页。
② 赵德林修，《道光石泉县志》卷 3，清道光十三年刻本，第 46 页。

民国二十二年，茂县一带牛瘟流行，羌民以人力耕田

岷江沿岸可以开垦的荒地较多。一方面是土壤条件较差，多沙质土壤，不利于农作物的耕种；另一方面，土壤条件较好的生荒地则居于较为陡峭的高半山坡，以私人的力量很难进行开垦。加之民国政府对于该地区农民的盘剥较为严重，货物进出均需要收取高额税金。因此一年的耕种收获不能维持温饱。[①]而结合笔者实地调研的情况来看，更为严峻的问题在于高海拔的河谷地带交通极为不便，生产生活用品高度依赖外面的输入。时至今日，大型农用机械也无法开进这些地区，农业耕种的机械化运作几乎很难实现。

羌地不产铁，因此农业生产工具多是小规模的铁制农具，同样依赖外界的输入。例如，体轻而能深耕的鸡嘴铧和双面铧、扁锄、刨

① 民国边政设计委员会编汇，《茂县概况资料辑要》，民国二十五年油印本，第29页。

锄，以及鸭嘴铧、尖锄、镰刀、弯刀等工具基本上能够适应当时农业生产的需要。

可以耕作的土地施肥与内地并无不同，即使用农家肥、牛羊猪粪和杂草树叶，采纳发酵而成，农家谓之干粪。一年仅施肥一次。[①]一些交通沿线的村寨开始建造粪池，积累肥料。有些农民为了便于施用清肥，保住肥效，将玉米等作物由犁沟条播或撒播改为挖窝点播，并在玉米地里套种黄豆和杂豆等作物。此外，民国以后，一些利用水力加工粮食的磨坊也陆续在各地兴建。近代农业生产的上述成就提高了羌族地区的农业劳动生产率，粮食产量也得到了快速增长。据羌族老农的记忆，过去青稞、小麦等作物亩产一般只有一百来斤，最好的也不过二三百斤；荞麦、燕麦的收获量更少，亩产仅三五十斤，有时甚至种子都收不回。改种高产作物如玉米和马铃薯等，特别是采用挖窝点播施以人、畜粪后，亩产即可成倍增加。因此，这两种作物迅速、广泛种植，对当地经济的发展起到了显著的作用。

茂县地区的主要经济作物为花椒，花椒适于生长在海拔较高的山地地区，耐旱、耐风、喜光，繁殖能力极强。当地将花椒分栽在荒山上，每年只在春末夏初之际雇工人除草培土，稍作打理。到夏末秋初时再雇妇女进行采收。全县花椒年产量约在 75 吨以上，按照市价每石 70 元计算，全县仅花椒一项年收益可达 10 万余元。[②]花椒采收晾晒后，每年经花椒商收购并行销至四川各地。除此之外，药材采集也是主要经济来源之一。主要是私人结队于每年三四月冰雪消融后进行

① 民国边政设计委员会编汇，《理番县概况资料辑要》，民国铅印本，第 36 页。

② 民国边政设计委员会编汇，《茂县概况资料辑要》，民国二十五年油印本，第 34 页。

采集，直到当年九十月降雪后止，这些羌民需在陡峭的崖壁以及高寒地区采获野生药材，其中羌活、木香为大宗药品。除此之外的虫草、贝母、大黄、独活、五加皮、当归、半夏、茯苓、柴胡、甘草、木通，大多产于危险的山崖绝壁，因此产量也较为稀少。① 各类瓜果梨桃品质差异很大，多为自家栽培，零星出售。②

桑蚕养殖在岷江流域一直难以开展，这不仅仅是因为高海拔地区的环境不适宜春蚕的养殖和结茧，更重要的是交通运输的不便，使得岷江流域的桑蚕养殖这类劳动密集型产业天生不具备优势。而丝织品对于当地而言，又完全没有足够规模的市场需求。民国《北川县志》中举了一个例子：

> 刘青云，字顺臣，精于农，尝种植桑株分送乡人，劝人业蚕。数十年不倦，人咸称之。③

农业技术的推广在羌族历史上并不鲜见。玉米和马铃薯这些美洲高产作物在当地迅速得到推广，并一度取代青稞、小麦而成为主要粮食作物。道光《茂州志》中描述："近来三十年间始有菜蔬之属，茵陈、圆根（芜菁）、蕾蒿、空筒、羊肚菌为美品。"说明羌族地区一直在努力尝试对引种作物进行本土化的养殖培育。刘青云的案例也显示出羌族地区一直以来都有致力于劝课农桑者，意在将中原儒家文化中

---

① 民国边政设计委员会编汇，《茂县概况资料辑要》，民国二十五年油印本，第 43 页。
② 民国边政设计委员会编汇，《茂县概况资料辑要》，民国二十五年油印本，第 35 页。
③ 杨钧衡、王麟等修，《北川县志・人物志》，民国二十一年石印本，第 14-15 页。

所推崇的耕植理念贯彻到羌地，这些理念可能会引发当地人的尊崇和认可，但这些改革最终是失败的，究其原因，主要就是自然地理环境的劣势在市场化竞争过程中被放大，而不应归因于地区民族的蛮荒落后，思想保守。

该地区的羌人仍然保持了半农半牧的生产方式。而相较于种植业而言，当地畜牧业所占比重要大。也是羌人家庭财产中最主要的部分。所饲养的动物主要有马牛羊。其中牛所占比重最大，有黄牛、犏牛和牦牛，它们既可以用来耕地，又可以用来驮物，是出入河谷地区买卖货物的重要畜力。猪的养殖规模仅次于牛，在玉米和小麦种植很少，或者几乎不种的地区，猪的养殖量很少，比如黑虎乡、龙平乡全乡仅有 8 头，但是这些地区羊的养殖量就会多一些。这一方面反映了羌人会顺应当地自然地理资源做出理性选择，在农作物产量低下的地区更高效地利用牧草资源。另一方面，牛和猪的大规模养殖其实也隐含了羌人对肉类食品的重视。公牦牛因为野性较强，也往往杀掉吃肉。还有一个值得注意的细节，可以补充佐证，那就是民国时期的调查资料中特别提到，在采收花椒的季节，椒户必须依例给受雇佣的采椒人供应一顿有肉的午饭。[①] 畜产中羊的产量较少，有山羊和绵羊，还有一种毛较长的羝羊。羊可以为牧民提供源源不断的乳制品和羊毛，繁殖率高，对极端环境也有很强的适应能力，是游牧类型经济中最普遍、最重要的牧畜。但茂县羌人羊的养殖量（169 头）甚至不及马（449 匹）的一半，可能的原因，一是羊需要人的照料，当地劳动

① 民国边政设计委员会编汇，《茂县概况资料辑要》，民国二十五年油印本，第 35 页。

力相对比较匮乏。另一个原因或许也反映了冬季草料不足的问题。王明珂在《游牧者的抉择——面对汉帝国的北亚游牧部族》一书中曾经提到，“山羊和绵羊吃草都从草株的底部切断它，而牛与马吃草则齿截断草株的位置较高，因此马和牛吃过的草地，羊能获得草食；但羊吃过后，马与牛就没得吃了。”①

通过提高农业劳动生产率，农民有更多的时间从事副业和手工业活动。羌族人民利用已掌握的技术，如培植果树、种植黄烟、割漆、养蜂等，普遍推广并提高了产出水平。熬制硝、碱也成为茂洲地区对外输出的重要大宗物资，年产硝量可达 15 万公斤。在清末时期，几乎每户农家都能够熬制土硝土碱，茂县每年的硝产量可达 30 万斤以上。土硝土碱已成为羌族地区大宗外运的主要物资之一。同时，传统的挖药材、烧木炭、制皮毛、织布以及其他家庭手工业也得到了发展，为集镇手工业的产生和商业交换的进步提供了条件。

---

① 王明珂著，《游牧者的抉择——面对汉帝国的北亚游牧部族》，广西师范大学出版社，2008 年，第 14 页。

民国初年的理县

（戴维·甘博拍摄于 1917—1919 年间）

改土归流后，羌族地区农村经济有了较快的发展，封建地主阶级有了除粮食和农副产品以外的其他生活用品的需要。因此，农民也开始要求在市场上交换自己生产和需要的部分商品。这些因素促成了光绪年间（1875—1908 年），羌族地区的集镇手工业和商业一度呈现出前所未有的繁荣景象。

这一时期，茂州、汶川、新保关、理番、叠溪等主要城镇已经发展了十多个手工业行业，规模相当大。例如，茂州和威州的烟草加工业，生产了著名的“茂烟”。规模极盛时，茂州的刨烟坊达到了二三十户，刨烟工人多达百余人，日产量高达两千斤以上。这表明当时羌族地区粮食生产可以满足自给自足，同时有大量剩余劳动力种植大量的经济作物，并参与经济作物的深加工。这些产品不仅供应本地消费，而且远销成都、万县、顺庆、自流井、潼川等地，深受川江航道的船工和城乡劳动人民的喜爱。

此外，岷江地区也陆续出现了红花园铁工场、小铁匠铺、铜匠铺、锡匠铺、瓦窑、石灰窑、酒坊、榨油坊、纺织作坊等，以满足农业生产和社会生活的需求，解决金属农具与金属制品全部依赖外界采购的窘境。茂州城内就有十多家织子和麻布作坊，总工人数达百余人。还有一些小型手工开采的金矿、煤矿和硫黄矿初见规模。举例而言，清代末期，茂州松坪沟开采金矿的人员规模能够到达千人，矿工数量盛极一时；大石坝的煤矿则生产“量丰质美”的煤，矿区面积达到千余亩，到了辛亥革命前后已经有数十个矿洞，矿工达一两千人，所生产的煤远销绵竹、德阳、罗江等县。光绪三十四年，茂州的茶商还从上海购买了制茶机器，开始用新方法加工灌县、

民国初年，羌族村落中的烟草工人（戴维·甘博拍摄于 1917—1919 年间）

汶川等地的茶叶，制成红茶和绿茶，销售省内外。这表明羌族地区的城镇手工业已初具规模，技术也有了进步，具有资本主义色彩的民族工业已开始萌芽。

羌族地区的商业得以繁荣，源于农业和手工业的发展以及与汉族地区频繁的物资交流。到了清末时期，茂州城的商贩达数百户，其中大部分是小商小贩，也有一些坐商。这些坐商有的是本地工商业者和封建地主合作经营的，有的则是来自陕西、甘肃、河南等省份或本省商号在此设立的分号。他们经营的商品包括花椒、药材、皮毛、黄烟、土硝等 20 多种农副土特产品。运入的则主要是铁质的农具和油、盐、糖、酒、布、米等生活日用品以及甘南和草地藏民必需的边茶。

清末时期，仅威州、茂州两地就有 8 家茶号，每年销售的边茶达 20 余万斤，清代每年从中征收的税银达一千余两。茂州、叠溪、威州、薛城等城镇每日都有市集，俗称“百日场”，不仅是羌族地区与外区物资交流的集散地，还成为联系内地的绵阳、绵竹、安县、北川、灌县和藏、羌地区的松潘、黑水、大小金川，乃至甘南一带的重要的物资转运站。除了有手工作坊、商业店铺，这些集镇上还有为满足过往客商需要的行栈店房，搬运和饮食服务行业也相应增多。

第六章 羌族农业科技知识的民族学考察

神话是历史与当下的交叉，同时也是自我认知与外界认同的混合，我们有必要将神话中的元素抽离出来。在梳理羌族历史的过程中，我们除了可以利用历史记录，也可以运用羌族的民间故事资料，这些羌族民间故事经千百年，由羌族人民口口相传积累下来，是重要的民间文学组成形式之一。羌族民间故事虽经多次加工改造，但却保留了主要的核心思想。尽管这些资料有很浓的神话色彩，其中记录的历史事件也多有虚构的成分，但这些资料却是羌族民间生活认知体系的最真实体现，这些故事建立在民间知识体系之上，充分反映了羌民对于自然界的认知。

在众多羌族民间故事中，我们在其中梳理出与农业科学技术有关的内容，可以充分反映羌民农业生产水平。

第一节　羌族民间文学中反映的农事活动

“五谷”的概念是中国古代劳动人民不断总结出来的，各个时期随着生产力水平的不同，五谷的内涵也在不断发生变化，而不同的五谷与当时人们的饮食习俗、生活水平、地区文化都息息相关。与此相似，羌族百姓也有自己的“五谷”概念，反映了五种在羌民心目中认为的最重要食物，这五谷分别是青稞、麦子、胡豆、豌豆、大米。

岷江干流沿岸的高山峡谷风貌（笔者拍摄于汶川）

民间故事《胡豆苗为啥两方结角角》中讲到，羌寨人从前种庄稼不需要薅草，只需打着铜锣在天边转两边，杂草就被赶跑了。一次，天神看到一个懒汉睡在田边打锣除草，非常生气，从此就改让羌人用锄除草。胡豆到了丰收的季节，懒汉又嫌胡豆丰产难背回家。天神一气之下，将胡豆苗的两边各打掉一个角，因此胡豆苗就只在两方结角。

从这则故事中，我们一方面看到羌民对农事活动的督促：在下种后必须要用锄除草，用以确保农作物的产量；另一方面，我们也看到羌民对于胡豆这一作物的民间认知。胡豆苗在羌族耕种的农作物中占

羌民在向阳的缓坡上种植一些作物（笔者拍摄于松潘）

有了十分重要的地位，在许多神话传说中均可以找到对胡豆（胡豆苗）的描述，如羌族民间传说《阿巴格基》。

类似《胡豆苗为啥两方结角角》的许多故事都体现了羌族人督促后人辛勤劳作爱惜粮食。有的故事中说，以前羌人不珍惜粮食，用粮食做的馍馍给孩子揩屁股。天神发怒了，就要把粮食从根上抹掉，因为天神的一只狗叫，天神顺手赏了它一个玉米吃，因此玉米就只剩下一点儿了，而麦子也只留下了一窝。因此，当地人流传着一种说法，粮食是天神留给狗的。另一则故事则说，很久以前，羌族天上本来下面粉，但因为天神看不惯人间糟蹋粮食，于是天就开始下没法吃的雪。原来的玉米上面结满了苞谷，后来也是由于人们浪费，所以天神将玉米秆上的苞谷都抹去，只剩下了两三包。还有一则故事中说，以前，玉米下面的根长的是花生，上面穗结的是谷子，中间的茎上每一节都有一个苞谷，因为粮食太多，把人们都惯坏了，天天只知道玩，不愿意干农活。天神派了罗英来，一夜之间将花生、谷子全都打掉了，只留下一两个苞谷。这三则故事可能源自同一个传说，主要的思想就是劝诫羌人一定要辛勤劳作，珍惜粮食的来之不易。

《荞子和麦子》的故事也反映了类似的作物知识，故事说，荞子和麦子在田地中闲聊，争论各自比对方好，荞子说麦子磨出来面虽白，但却在田地里过年，自己磨出来的面虽黑，却是在屋里过年，麦子觉得自己说不过荞子，一耳光扇掉了荞子的一只角，荞子把麦子的肚皮撞了一条槽。从此麦子在冬春生、荞子在夏秋长，两个再也不见面了。

故事中提到的麦子在田地里过年、荞麦在屋里过年，反映了麦子和荞麦的耕种时节，麦子十一月下种，次年五月收获，即冬春生；荞麦七月下种，当年十一月收获，即夏秋长。另外，这则故事也反映了羌族百姓懂得小麦和荞麦进行轮作种植，小麦和荞麦轮作这种耕作制度可以调节土壤肥力，同时防止了病虫草害，可以使作物高产稳产。

小麦的种植虽然在羌族有着非常久远的历史，但岷江地区的羌人种植小麦则是在民国时期才逐渐引入本地并形成一定的种植规模，通常在当地只有种植一季冬小麦。小麦需要十分肥沃的土壤，因此，在羌族地区能够为小麦生长提供足够营养的土地极少，同时，由于每单位产量的小麦低于玉米，小麦的种植面积相对较小。近年来，随着饮食习惯的变化和施肥技术的进步，小麦在本地由平坝地区逐渐向上游及高山地区扩展。

沿岷江流域的羌族聚居区种植面积最广的农产品主要是玉米。它对不同海拔的适应能力较强，然而，在海拔较高、气候比较寒冷地区，玉米收获较低海拔气温和暖地区的收成差。玉米不耐旱，因此，一旦遇到旱灾，高山地区因为水汽聚拢的原因，玉米的收成反而会好。在一些地区，人们常种两季玉米：农历三月春分时节，在河坝或者近河坝的浅丘地区播种。农历四月，种植高半山地区的玉米，这样，两地的玉米会在农历的八月和九月收获。玉米的传入时间较晚，因此很难找到与玉米有关的起源性的神话故事，但与玉米有关的近现代小故事则比比皆是，比如《吉祥鸟》的传说中，老婆婆在房顶上晒玉米，引来了受伤的吉祥鸟。

玉米是羌族地区民众的主要粮食作物（笔者拍摄于汶川萝卜寨）

据道光年间《石泉县志》所载，当地的少数民族“种春秋二荞，与汉民同”，羌族的民间故事中，荞麦这种农作物出现的很频繁，可见其在当地粮食中占据了非常重要的位置。荞麦可以在高山地区生长，也分为两种——苦荞和甜荞，在羌族民间故事《聪明的小哈木基》中，就提到小哈木基问财主黄富，提到荞子有苦荞和甜荞两种，两种荞麦的区别在于种植季节的不同，春种秋收的是苦荞，而秋种冬收的是甜荞。荞麦比小麦更容易生长，需要更少的人手照顾。与中原地区不同，在羌族地区，自然条件比较恶劣，且灾害频仍，不适于人们将主要经历投入在精耕细作上，因此，荞麦非常适宜用来配合畜牧业和采集狩猎等辅助性生业的发展。

在羌族民间故事《聪明的小哈木基》中，大财主黄富抢占了小哈木基养的鸡，聪明的小哈木基将黄富告上了衙门，为了拿回自己的鸡，小哈木基在大堂上问黄富，平时给鸡喂养的是什么，并让县官杀鸡嗉验证。黄富认为，穷人没有用大米喂鸡的，因此不能说大米，穷人穿得破破烂烂，连玉米面都吃不起，因此也不可能用玉米面喂鸡，最后黄富就猜小哈木基是用的荞子喂鸡。从中我们可以看出，大米在羌族地区是上等的食物，只有富人才能吃到，而玉米也只能是经济状况一般的人家吃，荞麦则是贫穷人家的主食。而且廉价的荞麦不仅可供人吃，还可以拿来当作饲料。

青稞非常耐寒，可以在海拔非常高的地方生长，但青稞产量低，因此青稞的种植面积很小，只在一些海拔 3 000 米以上的高山地区才种植，而且，羌族人也不以青稞为主食，羌族地区的各类民间文学作品中，我们最常见到的青稞的用途是酿酒。

《狡猾的娃沙（猴子）》类似于童话故事，以拟人化的书法描述了猴子和野鸡之间的斗智斗勇。野鸡代表勤劳耕种的羌民，故事中描述播种时的流程大致有打窝、撒肥、丢种、盖土等几个步骤。

民间故事《耖犁歌和牛王会》，以神话的形式讲述了羌族使用牛耕的起源。故事大意为：牛王菩萨骑着大牯牛在云端漫游时，看到了用羊角木钩挖地的羌族小伙聂比娃，牛王菩萨被聂比娃的辛勤劳作感动，让大牯牛下凡告诉聂比娃，一天洗一次脸、吃三顿饭。大牯牛传错了旨意，被牛王菩萨贬到人间，给聂比娃拉犁。羌族人为纪念这一天牛王菩萨赐牛给聂比娃，将这一天定为“牛王会”。故事中还记录了羌民犁地时唱的耖犁歌，歌中有对羌族犁地工具的记述：

“花椒树儿做犁头”“桦木树儿做犁杆”“杨柳树儿做枷担”“八月瓜藤做犁扣”。①

畜力耕作极大地发挥了牲畜“养体服劳”的用途，同时也意味着种植业与畜牧业两种生产方式的融合，极大地节省了劳动力，提高了农业生产效率。

从描述中我们可以看出，羌民不仅熟练地利用牛耕来从事田间耕作，并且学会利用各种木材的性质来制作牛犁，使牛耕成为羌族种植业技术中一个非常重要的组成部分。

关于羌族的牛耕，还有另一个《牛王拉犁》的传说，这则传说与《耖犁歌和牛王会》有很多相似的情节，如误将“三天吃一顿饭”传为了“一天吃三顿饭”。但在前者的故事中，牛王不再是天神，而是与羌民居住在一起，由于人间饥荒，上天让牛王给羌民犁地。牛王并不知道如何犁地，就去请教老树，一个年轻的小伙子走过来扶起老树，牛王有了灵感，拿来了一根又韧又长的藤子，将藤子一头拴在老树上，另一头套在自己的脖子上，然后用力一拉，老树的足就深深地嵌进地里。就这样，牛王知道了如何帮助羌民犁地。然而，在这则故事的描述中，羌民最初犁地的原因并非是除草让庄稼长的旺盛，而是为了犁出地里的草根充饥，从而度过荒年。

任乃强曾经在调查时注意到一个细节，那就是关于羌人特殊的耕犁方法。他在《羌族源流探索》一书中提到，羌人使用的“犁辕很长，犁刃只用一条坚木。犁辕前端，系于一横木上。横木为

① 八月瓜是一种野生植物，牵藤结果，藤很结实，常用来做吊磨绳、犁扣等。

轭，不加于牛项而是加于二牛的额上，缚于两角，使二牛以头顶推挽着犁前进”。任乃强据此推断，这种牛耕方式是基于羌民认为牛力的集中点在额而非在肩的认识，并因此认为羌族的牛耕是独立起源的。从任先生的描述和早期的照片资料中，我们可以看到羌人用的是长直辕犁，由于其笨重、不方便掉头，故唐代时期在中原地区就慢慢被更为简便好用的曲辕犁所代替了，但直到照片拍摄的时期，这种长直辕犁一直在羌族普遍使用。理论上讲，在高山地区，长直辕犁在使用上并不存在比曲辕犁更明显的优势，而近千年来一直未变，说明羌族的犁耕起源在唐代以前，且未受到中原犁耕技术的影响。

华夏民族本土的《夏小正》以及《四民月令》等月令图式的农事活动指导手册，最能够反映出历史上的农事活动及农业生产概貌。

羌族农耕图（摘自冉光荣等著，《羌族史》）

《羌族民间文学资料集》记录了几则类似月令图式的歌谣，讲述了每年各个月份的农事活动、物候节气，是反映农事活动极好的本土民族学资料。其中最有代表性的当属《郭郭围》《唱十二月花》。

《郭郭围》就是团团围在一起的意思，是一支叙述造酒起源的歌。讲述了羌族祖先底莫珠与玛木珠二人酿酒的工作过程，其中包括青稞和小麦的播种、发芽、收割、酿酒等步骤。全歌一共十三节，一百八十六行。客观真实地反映了羌人种植农作物的全部流程。歌曲中讲到，羌人八月种下青稞和麦子，正月里青稞和麦子像针一样出土，二月里青稞和麦子像蜘蛛网一样发篼，三月里青稞和麦子的叶子慢慢长大，四月青稞和麦子抽节，五月青稞和麦子含苞，六月青稞和麦子都黄了。青稞和麦子成熟以后，底莫珠和玛木珠来到麦地，抽出镰刀，开始收割，将割好的麦子和青稞背回家放在房顶上，然后将青稞和麦子堆起来晾了三天三夜，之后铺在房顶上，再用连枷打，打完青稞和麦子后，再用木刮（当地的一种农具，用来将散在四处的粮食刮成堆）刮，然后装到背篼里，背到屋中，装了三天三夜。这是青稞和麦子从种植到收获的过程，以下则是酿酒的具体步骤：将青稞和麦子舀出倒在铁锅里煮，然后背上房顶，放上三颗酒曲子，之后将青稞和麦子放在酒囤子里发酵三天三夜，再把麦子和青稞装在篼子里，装七天七夜，最后将酒酿成。

《唱十二月花》中有许多物候学的知识，以及一些应时的农事活动项目。《唱十二月花》是汶川绵虒一带在过年吃酒时必唱的一首酒歌。在释比经典中称为“呃”，因为歌反复出现衬词“押龙”，故而当地的群众也将其称为“押龙”。

理县杂谷脑河畔桃坪羌寨种植的苹果
（笔者拍摄于理县）

“正月里颂啥子？/正月里大河坝头草木都醒来了，/岩上金黄色的迎春花开了，/到处都开了，/到处都垂挂满了，/夏天来了，要过夏天了！”因为绵虒乡的羌人过去将一年分为夏冬两季，因此在一月到六月结尾处都是“夏天来了，要过夏天了！”而七月到十二月结尾处则是“冬天来了，要过冬天了！”而剩下的月份分别是二月山上山下的桃花开，三月石堆上白色的茨花（倒钩子花）开，四月大坎小坎上藤子花开，五月岩上的喇叭花开，六月麦子黄了青稞黄了，七月荞子地里的荞花开，七月雪隆包上新雪旧雪要调换了，八月雪隆包上开放的牛角花、油柞花，九月群山换上新衣裳（比喻山上的植物叶子变红和变黄），十月雪隆包的衣裳帽子都换了（比喻白雪重新覆盖山顶），冬月凡间都在宰年猪，腊月大沟小河都结冰了，腊月三十要过大年，捧起香蜡普盘刀头酒，在房背上白石神前迎新年送旧年。

《玉花姑娘》描述了一个羌族姑娘玉花，被天神看上，要给自己的儿子挑选为媳妇，玉花姑娘因为已经有了心上人，不愿嫁给天神的儿子，羌民打跑了前来抢亲的天神，天神一怒之下，命风王不断地吹风，玉花姑娘为了报答羌民的恩情，变成了一只布谷鸟，提醒羌民下地劳动。《狡猾的娃沙（猴子）》中讲到，一只狡猾的猴子，向野鸡爷爷打招呼说，“阿巴如右，清明前后，快种莫误！”可见羌人也以二十四节气作为遵守的农时。

羌族聚居地区有很多都是以“沟”字命名的，“沟”字代表着河流，凭借河流的优势条件，羌寨人常引沟水来饮用、灌溉并利用。《南沟水》的故事是一个典型代表，故事说，很久以前，南沟水又清又甜，沿沟两岸的樱桃、核桃年年丰收，玉米又长又大。有一年，一朵乌云降到南沟以后，水断流了。威州城一个叫董哥的小伙子走到南沟尽头，发现了一条大蛇，董哥勇敢地杀死了大蛇，自己也累死在洞口。

《水井湾》的传说描述了汶川威州水井湾寨子的得名，很久以前，水井湾还叫望水寨，吃水困难，每天公鸡打鸣的时候，羌寨的人就要赶

汶川萝卜寨中的菜畦（笔者拍摄于汶川）

着驮马背着背水桶翻山越岭到很远的龙池海子上去运水，如果遇上连天大雨，冲坏了山路，那么人们就只能靠接雨水度日。寨子里的人挖了七七四十九天，挖秃了九九八十一把山锄也没见到一滴水。后来，天神下凡，让寨子里的人到寨楼后面挖水，最终挖出了水，村子里再也不缺水了，因而改名“水井湾”。在羌寨的实地调查中我们发现，有的羌寨内有着十分复杂的地下水网，通往家家户户。羌寨依山而建，而水源就来自寨后面的山上。这种复杂的地下水网有很多用途，不仅可以用于日常的饮用、庄稼的灌溉，利用水轮转动石磨来磨面，还可以起到消防的用途，战事来临的时候，还可以防止城外的敌人给水源地投毒。

有些地区具备打井的自然条件，羌民就靠井水来灌溉农田。《黄三姑娘》的故事中，黄家三姑娘为了救全村人性命嫁给了龙王，后来因为黄家两位老人误伤了龙王的儿子，龙王大怒，杀掉了黄三姑娘，黄家二老也被龙王埋在色苏勒巴山顶，两位老人用力一顶，顶出了一眼泉水，使得人们有水灌溉庄稼，此后，羌民就给黄家父母女修坟保泉，祝丰收。

在不具备很好的自然水源条件的地区，一旦遇上干旱的天气，村民不得已的情况下就只能去附近的海子背水，故事《瑕支姑娘盗天水》中就讲到了天旱人们到很远的海子里去背水。

第二节　羌族民间文学中所见的采集狩猎活动

故事《狐狸给锦鸡拜年》中用羌语列举了一些可以食用的动物，置记（獐子）肉、西延（岩羊）肉、阿巴恰兹（锦鸡）肉、如补（牦牛）肉、如又（野鸡）肉……可见，这些食物在羌民的生活中占据了非常重要的组成部分。在许多故事中，常会提到“菜根子”，菜根子就是羌民对上山打的野物肉的统称。这个名词在《角角神的故事》中就出现过。菜根子中除了以上提到的几种猎物，常见的还有野猪、野兔。此外，猎到的猛兽还有老虎、豹子、熊。

《羌族民间文学资料集》中有羌族流传下来的两首打猎歌，描述的是羌人打猎时候的情况。其中一首是描述用套索套野物的，歌曲是这样的："呃，牵索索哟牵索索（意为安置下套索），到尼王贝山上去牵索索，大家到阴山阳山（羌族习惯将向阳的一面称为阳山，将背阴的一面称为阴山）上去牵索索；……小伙子磨刀剐皮子，姐妹们背水安锅庄；……野肉煮了一大锅，阴山阳山野肉香；……大家一起套野物，猎获的野物平均分；……我们尔玛多高兴，围着篝火跳锅庄。"

我背上背的是啥子枪？我背上背的是明火枪；我后面引的是啥子狗，我后面引的是撵山狗；我一直走到山梁上，我一直走到深林中；撵了个啥子出来？撵了个獐子出来；一撵撵到哪里去了？一撵撵到白香树上。我一火枪打起出去，打了个长牙麝香下来；麝香打到了，又有钱使，又有肉吃。我空手出来，抱财回家，多么高兴啊，多么高兴啊！

两则打猎歌中我们可以看到羌人狩猎的两种主要方式，即套索捕猎和猎枪打猎。打猎的地点一般都在山上的林子里，狩猎者有集体狩猎，也有单独狩猎。捕获的猎物除了可以补充食物来源，剥下来的皮子，以及一些有药用价值的猎物，也都会物尽其用，提供辅助性的收入。狗在羌族民间故事中时常出现，并成为重要的家畜，其中的大多数都被描述为猎狗，用以辅助打猎。对狗的重视侧面上也反映了打猎在羌族辅助性生业中扮演的重要角色。而挖药和狩猎活动往往都一起进行，《纳水勒木》一开始就讲到，羌族小伙纳水勒木上山一边采药，一边用箭射猛兽。

另外一首《獐子谣》:“吊骡子，做啥子？安索子，套獐子。安索要懂几下子；看清脚印‘花点子’，树干擦痒‘滚杠子’，屙屎拉粪‘撒豆子’。”这则歌谣记录了羌民对于猎取獐子的经验，这是通过对獐子的生活习性和主要迹象的观察而获取的，以歌谣的形式流传下来，作为羌民猎取獐子的重要参考。同时，也反映了羌民狩猎的真实情况。羌民多从事多种混合生业，在《“宝香”的故事》中，贵林宝一家三口就靠种田和打猎过日子。

《羌族民歌选》中收录了一首《挖药山歌》:“五月草莓红满山，正是虫草冒尖尖；不管高官和贫贱，都要低头斜眼看，不论亲疏和里外，等你只有七八天；贝母开花吊灯笼，六月天热正伏中；二指锄头手握紧，一锄一颗莫放空。”这则山歌记录了羌族人采集虫草和贝母的经验和方法，并说明了挖草药的具体时节。而在《叠溪海子的传说》中，茂县当地有着世代挖药的人家，外人直接呼名为“药大爷、药奶奶、药阿爸……”。按照故事中的描述，羌族人挖药非常艰辛，生活水平一般，一家祖孙三代还可以吃得上“玉米馍馍”。《贪心的药伕子》中讲述了一个贪心的采药人到最后一无所获的故事，药伕子爬上察尔岩，钻进青杠林子之后发现当地的药材非常多，有当归、贝母、羌活、绵芪。《三个药伕子》中还提到了山中有人参。

羌族所在的高山河谷地区有许多地震形成的堰塞湖，当地人称为“海子”。居住在这些地区的羌族人就在这些海子中捕鱼。羌族故事《云云鞋的传说》，就讲述了一个牧羊少年，用绣花针做鱼钩钓鲤鱼的故事。

1933 年叠溪大地震中形成的叠溪海子（笔者拍摄于茂县）

养蜂业在羌族的文献中也是普遍存在的，如羌族的释比经中的《补五昔》，讲述了每个月份，蜜蜂采花的地点和蜜源。正月里无花开，二月到矮山小路旁采迎春花蜜，三月到菜园内采桃李杏花蜜，四月到九匹山梁上采兰花蜜，五月到红岩顶上打杜鹃花和喇叭花花粉，六月在沟头沟尾采倒钩海棠蜜，七月去农田采稻谷花粉，八月去半山火地采荞子花蜜，九月去菜园子菜菊花粉。

蚕桑业也是羌人所从事的辅助性生业之一，在羌人的生活中，养蚕缫丝应该并非重要的一个生业，其有关的记载也并不多见，故事《布瓦山和玉垒山的传说》中有卜娃给人看病，羌族小伙子王垒栽桑养蚕的说法。

第三节　羌族民间文学中所反映的畜牧业

羌族民间故事《美布和志拉朵》中，讲述了羌人家畜的起源，天神阿布屈各的女儿美布和志拉朵在等待上天消除灾难无果后，两人开始靠自己的勤劳节俭致富。此后，志拉朵每天都带着猎狗上山打猎，早出晚归。志拉朵将活捉回来的一头角长体壮的大野牛取名为犏牛，将捉来的一头角短体小的黄野牛取名为黄牛。志拉朵将两头牛驯化了，用来耕地。志拉朵又捉回了野驴、野羊、野猪、野牛、野鸡，通通牵回家里进行喂养驯化，此后，人间便有了家养的牛、驴、羊、猪等家畜。

在《犏牛和羊》的故事中，我们可以看到羌族畜牧业的一些基本情况，犏牛和山羊、绵羊共同在山地草场放养，这种情形与前者所述文献当中的描写是一致的。犏牛是牦牛与黄牛的杂家品种，有着比牦牛更温顺、更耐寒等优点。羌族人认为，犏牛精壮勇敢、老实忠厚；山羊灵巧好动、喜欢独自乱跑；而绵羊性情迟钝、害怕困难、遇到太阳就躲进树林。因此将犏牛和山羊绵羊一同放养，则可以互相照应，抵御狼、豹等猛兽。王明珂在《游牧者的抉择——面对汉帝国的北亚游牧部族》一书中曾经援引一些人类学家的调查研究，论述畜产的动物性的利用，比如山羊与绵羊混牧的优势：正因为绵羊性情迟钝、行

高山草甸形成的天然牧场（笔者拍摄于松潘）

动缓慢，由山羊带领则可以避免过度啃食同一片草皮。利用动物的特性，取长补短、互相制约，这种混合放养的形式是非常科学的。

羌人饲养黄牛主要用于耕作，在《龙赤海的传说》中，普通的羌人是无力饲养牛的，因为牛吃食要吃一大桶。有些大户人家会专门饲养黄牛，到农忙时节出租给需要的农户，而且要价非常高。

有关牧羊题材的故事和民歌在羌族民间的文学形式中是非常常见的，羌族的得名与羊就有着密不可分的关系，而羌族的神话中，养羊的起源也很早，故事《羌族文字和羊皮鼓》在羌族流传甚广，其中就讲到，在羌族始祖时期，羌人就以放羊为业。《中国民间文学集成北川县资料集》中有一则《放羊歌》："正月放养是新春，早放羊，早起身，羊儿吆起前面走，露水打湿脚后跟；二月放羊是春分，遍地草儿绿茵茵，羊儿不吃山中树，爱吃地上草青青……"，歌谣从正月开始，一直唱到腊月，生动而详细地展现了羌民放羊的情形。

猪在羌族畜牧业中也是很重要的动物，在漫长的畜养过程中已经成为羌人的重要食物来源，并逐渐融入其生活当中，在每年农历十月初一羌历年到来的时候，羌人都会杀年猪来庆祝节日。而猪膘也和酒一道成为羌族当地节日、仪式必备的馈赠礼品。故事《宝猪》就是围绕一个羌族阿妈养猪展开的。

在羌族地区，饲养猪和牛用的主要是玉米、小麦、荞麦等的秆，而马的饲料主要是玉米秆。

第四节　羌人对灾害的认识与备荒知识

羌人所居住的地方，海拔较高，自然气候比较恶劣，因此羌人面对的农业灾害也是多重多样的，一方面气候时常发生变化，时旱时涝，农作经常苦于雹灾、风灾、秋涝、春夏旱等，羌民赖以为生的农作物，时常会在突然来临的自然灾害中损失殆尽；另一方面又因为自然生态环境未被人类破坏，生物多样性丰富，因此又伴随有大量的虫灾和兽害。

《茂县的风》讲述了茂州风大不产稻谷的传说。故事中说，茂州本来是山清水秀、五谷丰登的地方，唐代的尉迟敬德因舍不得离开茂州，李世民降旨让茂州午时刮风，使得本地不再产稻谷。羌民认为，茂州一年四季，每天中午和下午都是风沙弥漫，而中午稻谷正在扬花的时候，被风沙打落后便不再结果实。

岷江流域的高海拔地区，夏秋两季常伴随强对流天气，因此大风天气时常成为影响农作物生长的重要天气灾害之一，这在很多故事当中都有反映。《九顶山的来历》讲述了这一地区从前是一片平原，粮食产量高，后来附近雪山来了妖魔吹妖风，时常破坏庄稼，危害乡民，于是天神派九个女儿下凡间，化身成九座山峰抵挡妖风，后来就成了九顶山。《铁老鸦》也是一个与风灾有关的传说，土门地方的土地岭有一只铁老鸦，一年四季对着这一地区吹妖风，使得狂风大作，吹的谷子不扬花、不结籽，小麦青稞也长不大，一个年轻的羌族小伙得知以后，将铁老鸦的头扳向西方，从此以后，土地岭以东的土门地区，玉米和谷子都获丰收。故事《玉花姑娘》中，天帝为了报复羌民，命令风神每天一到中午就吹风，吹坏了漫山遍野的树木，吹得谷子不扬花，只留下勉强糊口的玉米。

旱灾在羌族神话中常常出现，在故事《勇敢的阿迷日古都》中，有一年，阿迷日古都的家乡闹旱灾，地里的禾苗全部枯死，无计谋生的羌民只得靠吃树皮草根度日，后来阿迷日古都被母亲遗弃到山上，成神之后的阿米日古都杀掉了恶魔勒旦八龙，拯救了全村人。

在《金烟袋》的故事中，羌寨闹旱灾，方圆几十里土焦草黄，粮食颗粒无收，连杂谷脑河的河水也都快干涸，天王木比塔降下了金烟袋，镇山压怪。故事《布瓦山和玉垒山的传说》也提到了威州一带久旱不雨，庄稼无收、瘟疫流行，余善人假意行善，利用自家的泉水当药大发横财。

《瑕支姑娘盗天水》中说天帝的两个儿子横行霸道，看到人家生活富庶，就让雷公电母、雨神和风婆放三天假，使得人间三年没有雨水，土地干裂了口，江河干见了底，庄稼全部枯死，村子里的人一批接一批的渴死倒下，野地里到处都是无人掩埋的尸体。

《黄三姑娘》的故事则说，色苏勒巴山上海子里有条巨龙，常常糟害庄稼。玉米要雨水时，他就让玉米叶干得着火，青稞、小麦挂穗时，他就吹冷风，下冰雹。

《龙洞沟的传说》中，凤仪镇的干沟一带也是时常干旱，由于羌民吃水都非常困难，碰到干旱时节，庄稼的灌溉就只能听天由命。后来寨子里有个小伙子何继业救了龙王的女儿，后来自己变成了龙，回到乡里，给羌民吐水，让乡亲们引水灌溉庄稼，才使得这一地区粮食丰收。

羌民将龙看作神，主管羌族的雨旱天气，干旱时节，羌民为了求雨，就要到龙池海子边去举行祈雨仪式。故事《蛟龙出世》中说，蛟龙在修炼的过程中得到了羌人的帮助，因此，成龙之后，就负责为羌族的百姓降水。龙王题材的故事在羌族神话中非常常见，这些故事基本上都是基于羌族当地的地理环境而产生的。比如，住在地势较为低洼处或河坝处的百姓，最为担心的就是水灾；而住在海拔相对较高的高半山坡的羌民，最为害怕的是旱灾。人们将水旱灾害归结到龙王身上，使得这类神话故事内容丰富，广为流传。

《聪明的小哈木基》中有一段对话，大财主黄富看上了小哈木基养的鸡，对小哈木基说到鸡抱久了会得鸡瘟，让小哈木基把鸡放到自己的鸡圈里。

故事《尕尔都》描写了《羌戈大战》的过程，尕尔都即戈基人，也被称为窑人。故事中讲到，戈基人在被羌人打败之后，头领尕密令野鸡在羌人下种时刨食粮食种子、唆使黑嘴老鸹和红嘴老鸹去地里偷吃荞子和玉米籽，让野猪、土猪子和老鼠抄洋芋、吃庄稼，让黏虫和老母虫吃庄稼苗、啃叶子，让老熊半夜里去糟蹋庄稼。羌族首领玉比娃召集群众，赶走了各种害人的动物。

《羌布和志拉朵》的故事中也列举了一系列破坏农作物的虫灾和兽害，布羌给人间带来了天神阿布屈各赐给的菜种，结果导致人间年年遭受水灾、旱灾、虫灾和兽害。其中特别提到了老鸹、红嘴老鸹、喜鹊、蜘蛛和蚂蚁几种动物。

羌族传说《豹子的出世》讲述的是头人系格巴止生前鱼肉乡民，贪得无厌，且极端吝啬。死后的系格巴止投生为老虎，还不忘带着钱，因此身上还有铜钱花。羌语中“系巴”是系格巴止的简称，意思是“有钱的贼”。羌民认为豹子贪婪狠毒、经常流窜到各处村寨，偷吃人们的牛羊牲畜，同时，羌民对豹子的认知还有一定的局限性，豹子是老虎生的，羌族中流传着一句口头语：“三斑加一鹞，三虎夹一豹。”意思是孵三只斑鸠中必然有一只是鹞，生三只老虎必有一只是豹。《犏牛和羊》中也讲述了豹子残害绵羊的故事。如上所述，羌族人利用了犏牛的攻击性防止畜群受到野兽的侵扰。

羌族百姓认为，对于虫害和兽害并没有特别的应对方法，但在所有的故事中都提到勤劳才是唯一的解决途径。

从事混合型的经济生业，本身就是一种对荒年的应对机制，如前文所述，羌族地区本来就是灾害频仍，饥荒连年。单纯依靠种植业所得，不仅无力支付柴米油盐的日常开销，连正常的温饱也无法保证，只能靠辅助性生业来补给。即便如此，一旦遇到严重灾害，辅助性的生业也极有可能无法维持羌民的生活。

许多传说中都记载了羌族的荒年和水旱灾害，羌民所居的地区往往都是自然环境比较恶劣的地区，因此如何度过荒年就成了羌族人非常重视的一个问题。

《牛王拉犁》的故事中说，有一年羌族天下大旱，地上没有吃的了，饿死了很多人，羌民们不得已就从地下挖草根吃。

故事《龙池斗宝》讲述的是黑龙和白龙两条恶龙之间发生了争斗，给羌民带来了严重的灾难，羌族小伙子王宝兄弟二人惩处恶龙的故事。故事在开始时讲到恶龙为害，使得田地龟裂，枯黄遍野，而人们只能采点儿野菜充饥。

《“宝香”的故事》中说，有一年大旱，田地荒了，贵林宝的父亲只有在龙云山上安索子，套獐子，打些野鸡之类的补充口粮。后来日子一天比一天难熬，就开始吃野菜、桦树皮，最后没有办法，只能吃神仙面（观音土）。

结语

历史唯物主义认为，物质生活的生产方式决定社会生活、政治生活和精神生活的一般过程；社会存在决定社会意识，社会意识又反作用于社会存在；生产力和生产关系之间的矛盾、经济基础与上层建筑之间的矛盾，是推动一切社会发展的基本矛盾。历史唯物主义用以观察社会历史的方法与以前一切历史理论皆不相同。它承认历史的主体是人，历史不过是追求着自己目的的人的活动而已。但历史唯物主义所说的人不是处在某种幻想中的与世隔绝和离群索居状态的抽象的人，而是处于可以通过经验观察到的发展过程中的现实的活生生的人。历史唯物主义认为，现实的人无非是一定社会关系的人格化，他们所有的性质和活动始终取决于自己所处的物质生活条件。只有从那些使人们成为现在这种样子的周围物质生活条件去考察人及其活动，才能站在现实历史的基础上描绘出人类发展的真实过程。

中国疆域内的自然地理环境决定了农业与畜牧业的分离，但可以肯定的是，这种分离并不是从新石器时代农业起源开始便已经产生对立的，从目前发掘的考古遗址来看，新石器时代的出土遗址大多呈现了农牧混合经济的迹象，“能确定以畜牧业为主的遗址却寥若晨星，而且是较晚发生的”[①]，甚至于在许多地区，迁徙不定的聚落遗址往往带着浓厚的游牧经济的特点。目前，农史学界认可这样一种说法，原

① 李根蟠、黄崇岳、卢勋著，《中国原始社会经济研究》，中国社会科学出版社，1987年，第136页。

始的农业（包括种植业与畜牧业）应该是原始采猎业中直接发生的。而游牧业的发展，李根蟠则认为有两种可能的途径，即“从狩猎仍占很大比重的刀耕农业阶段进入以畜牧为主的游牧经济阶段”“又初期的刀耕农业到长期定居的比较发达的锄耕农业阶段，形成以农业为主的农牧结合经济后，某些地区畜牧业的比重上升，以至超过了农业的比重，在条件适宜的地方逐步放弃了定居农业生活，……”[①]这两种途径，无疑都存在经由混合经济形态逐渐演变到游牧形态这一过程。而自然环境的影响无疑又在其分离并形成单一经济体中起到了决定性作用。

司马迁在《史记·货殖列传》中最早划定了一条农牧交界线：“龙门、碣石北多马、牛、羊、旃裘、筋角。”[②]史念海经考证认为这条线自战国时期形成，一直延续到西汉时期，龙门即今陕西韩城市和山西河津市黄河两侧的龙门山，碣石在今河北省昌黎县。这条线以北是游牧经济区域，而这条线以南，则是农耕地区。[③]自两周时期开始，这条农牧交界线便一直存在，并经历不断北上或南迁的变动，但其大体仍与400毫米等降水量线相重合。这与农作物的生长条件是密切相关的，我国总体的气候类型是大陆性气候，以干旱半干旱草原景观为主，而北方地区这一特色尤为明显，年降水量低于400毫米便会阻碍农作物的生长，与此同时，北方地区又很难找到大片的适宜开垦的平原。凡此种种，可以说为农业与游牧经济的分离格局从自然环境上奠

① 李根蟠、黄崇岳、卢勋著，《中国原始社会经济研究》，中国社会科学出版社，1987年，第173页。

② 司马迁撰，《史记》卷129，中华书局，1982年，第3254页。

③ 史念海著，《河山集·六集》，陕西人民出版社，1997年，第322页。

定了根本的基础。

然而似乎我们仍不能简单地看待这一问题，认为环境决定了这种农牧的分野，从而陷入环境决定论的泥淖，这种分离的格局似乎还涉及了方方面面的因素，这些因素可以从历史中得以隐约窥见。

西方的边疆史学派和民族学、人类学的相关启发给我们提供了很好的分析视角，从对农牧交界线的窥察中我们亦可发现中国边疆的游走变迁、长城、民族融合与冲突于此都有着或明或暗的联系。历史上所围绕“匈奴南下牧马，汉将直捣黄龙”发生的种种战争无疑是农牧冲突的一个外在反应。为何许慎的《说文解字》要将羌解释为“西方牧羊人也”（将其所从事的经济类型作为区分种族的标志）？又因何古代人要以“不粒食者”[①]看作戎狄的划分？因何自《后汉书》以降，史书中对于少数民族常冠以“少田业”“不事田”之名？更有意思的是，同为“华夏边缘”，在汉代要划分为行农业统于国君（如朝鲜）、行混合农业不统于国君（如南蛮）、行游牧统于国君（如匈奴）、游牧半游牧且不统于国君（如西羌）四类，且汉廷对待这些不同的民族更有不同的民族政策。[②]从这个意义上来分析，将是一个很好的入手点。

从新石器时代开始，生活在甘肃青海河湟地区的古羌人就已经具备了比较高的农业水平，这一时期的羌人，不仅完成了种植业的起源，而且还将先进的种植业技术和农作物带入中原地区。羌族的一支，最终脱离了羌，发展成为一支世代以农业为本的部族——姜姓部

① 阮元校刻，《十三经注疏·清嘉庆刊本·礼记·王制》，中华书局，2009年，第2897页。

② 王明珂著，《华夏边缘：历史记忆与族群认同》，社会科学文献出版社，2006年，第199页。

族，从此这支部族通过与周边部族的沟通与交融，最终融汇到后来华夏血脉之中，其早期的农业思想和农业技术也延续至整个中华民族的文明中，而形成了我们与世界其他民族所不同的独特的文明体系。

汉代以降，在西起青海，东至三辅，北接匈奴，南至武都这片羌人聚居区内，大多数地方都被秦岭绵延的山脉所充塞，只留下一条条相互交叉的高山河谷，地势海拔较高，河谷土地狭长。在这片并不广大的区域内，中原帝国又不断地与羌争利，开河西四郡、筑城屯田，不断压缩羌人的生存空间。有限的土地承载力促使羌人追求高效的土地利用率，并充分利用自然资源，以农牧兼营的生产方式维持自身种族的生存，形成了不同于游牧民族和汉民族的特色生产方式。

相比匈奴等游牧民族，羌人的游牧并不纯粹，他们没有广袤的草原以供驰骋，也没有足够的铁来铸造武器，羌人的牧场一年当中只有春场（河谷平原）与冬场（高山），游徙的区域十分有限，只能依靠种植业来拓展自身的食物来源。这种混合型的生产方式大大削弱了游牧经济的社会原则——移动性。与蒙古族相似，羌人也是一个以牧羊为主的民族，拉铁摩尔在《中国的亚洲内陆边疆》中指出："一个完全的牧羊经济却有两个弱点。羊走动的很慢，不能用来运输。"① 正如拉铁摩尔所说的，财富与移动性是一架天平的两端，削弱了移动性的羌人失去了外在的张力，却积聚了其自身的财富。不像"其兴也勃，其亡也忽"的匈奴，西羌在拖垮了强大的汉帝国之后，又在中国的历史记载当中浮沉了两千年，并建立了自己的西夏王朝。

---

① 拉铁摩尔著，唐晓峰译，《中国的亚洲内陆边疆》，江苏人民出版社，2005 年，第 48-49 页。

西夏王朝建立以后，羌人占有了大片的优良土地，并效仿中原，以农立国，一方面开垦农田，大兴水利，使河西地区很快成为塞上粮仓，另一方面坚持畜牧业和开采业，使得其在对宋代的贸易中积累了大量财富，正是这种混合型的经济模式，使得党项族从依附唐王朝的一个弱小民族，摇身一变成为抵抗蒙元宋金等强大帝国的重要力量。

而岷江上游的这一支羌人，也保持着混合经济模式，而这种模式往往也适应了其所生活地区的自然地理环境，单一的畜牧或单一的农耕均无法满足生存要求，尽可能地将精力投入到更多的产业当中，才能保证在灾荒时节能够继续生存。这与中原地区所推崇的精耕细作的种植模式大相径庭。

总体而言，经济模式的不同并无高下优劣之分，是民族文化和自然环境共同作用的结果。

从另一个方面来讲，羌族历史非常复杂，人口迁徙不定，族源又往往难以考证。历史上的记载也十分有限，早期的羌族历史研究，往往都会碰到一个“羌”的指向问题，也因此有许多史学家并不认为羌族是一个明确的族群。研究羌族历史必须要解决这个困惑，在文献记载有限的情况下，我们只能寻求思考问题方式的转变，也就是指的一种“范式的转换”。

“民族”并不是从人类诞生一开始就存在的，确切地说，我们现在所理解的“民族”仅仅一个近代产物。本尼迪克特·安德森的《想象的共同体》为代表，新的解构主义思潮影响人们重新开始考虑“民族是什么”，安德森扬弃了固有的研究途径和教条，以哥白尼精神寻找新的理论典范，为民族主义的研究开辟了一条崭新的道路。作者将民族、民族属性与民族主义视为一种“特殊的文化的人造物”，当然“想象”不是“捏造”，而是形成任何群体认同所不可或缺的认知过程，因此“想象的共同体”这个名称指涉的不是什么“虚假意识”的产物，而是一种社会心理学上的“社会事实”。

在后现代主义学风的影响之下，以西方学者为代表，民族史学研究中出现了一种所谓的“近代建构论”，该理论认为，少数民族是近代国族主义影响下由知识分子想象和建构出来的，在中国，20 世纪上半叶兴起的一系列民族历史调查，最终所形成的典范的“民族史”，其中有很大一部分内容至今仍是可以质疑的。“近代建构论”的代表作品如英国历史学家霍布斯鲍姆的《传统的发明》以及美国学者本尼迪克特·安德森的《想象的共同体》。该理论抓住了以往历史学家或人类学家所忽视的重要一点，即参与式观察对于被观察者本身的影响。这种例子在人类学调查当中比比皆是，比如“大禹王”的经典案例，在近代民族学者的参与下，“禹生西羌”的说法进入羌族并戏剧性地讹传成为“大雨王”，并形成了本土的神话传说。再如笔者在羌族地区进行田野调查的过程中所发现的羌寨随处可见的“泰山石敢当”，以及收集到的各种不同的解释说法，都可以证明外来知识在进入羌族本土后，乔装打扮融入当地从而形成“本土历史”或“地方性知识体系”。在民族自尊心的驱使下，这些“外来物”一再被提及，并塑造成“我者”在历史上书写光彩辉煌的业绩，或多或少扭曲了历史的原貌。

可与其作为对照参考的是顾颉刚的“层累造成说”，疑古学派是他在整理上古史的过程中总结出来的。他认为，时代越往后，传说的古史期越长，时代越往后，传说汇总的中心人物越放越大。同样在羌族的历史研究中，我们也发现了这一点，汉代以前的典籍，几乎不见“羌”记载，即便出现，也多是“氐羌并称”，自汉代以后，关于羌的记载才开始增多。

无论是“近代建构论”还是“层累造成说”，两者走向极端都会沦落至民族虚无主义或历史虚无主义。证伪容易，反之则难，但我们不应以此否定存在，我们抛去人种学上的差异，羌族在历史上确确实实是明确地指代了那样一群人，我们也可以从中解读出历史的延续性和文化的传承。

“羌”也符合这个规律，“羌”是确确实实存在的，并且也有着历史传承，但“羌”并不具有明确的指代性，或者其背后的群体很复杂。我们必须认识到一点，任何文明都具有其自身的向心力，不论其从进化论的意义上来讲是先进文明还是野蛮落后，一个文明在历史的长河中尽可能地不断吸纳周边的文明，并与其他文明产生冲突、交流。有些文明会被卷入其他文明之中，但其本身文明的痕迹还会保留很多代，甚至有时候，即便卷入了更具强势力量的文明，这些文明却可能会影响将他吸入的巨大能量的中心。因此，“羌”不可能是明确的，将其划一个范围则很可能会包括半个中国的版图。同样，任何民族也不可能是明确的，恰是相互交叠的波纹叠加产生了今天所谓的“华夏文明”，而民族也只有在这种模糊、扩散同时有凝聚的状态中才有意义，同时，也才是真实可能的。

本研究就试图遵循这样一种范式转换的思路，在文章中尽量避免使用“羌族”这个容易引起争议的词汇，取而代之以“羌人”或

“羌”一词。同时笔者也不会给予“羌”一个非常明确的指代，这可能不同于以往历史学研究的路线，因为我们不考察“羌”的溯源，而仅仅承认其在人类学上的意义。

在对羌族的历史性梳理中，如果说不以人种学上的意义进行区分，仅对羌这个历史记载中我者对于他者的定义——以及羌人基于民族认同、共同祖先和兄弟民族的一种历史性沿承——进行一番基于农牧历史的考察，我们会对羌这个民族有一番完全不同的认识：羌人绝非《后汉书·西羌传》中所记载的西域牧羊人那样简单，他们不仅从事农业经营，而且能够积极地进行适应区域地理资源和气候的农业技术革新，包括引种新的作物，或者接受新的农业耕作技术。中原王朝在塑造历史的过程中，有意识地抹杀掉了羌人帮助西周姜姓部族垦殖稼穑的历史，而代之以茹毛饮血、不事耕稼的刻板印象。大多数时候，羌人都采取一种多种生业兼营的生产生活方式。他们善于利用土地，同时能够充分利用不同地理纬度的植被作物，畜养不同种类的牲畜。在一定范围内进行迁徙。

与此同时，他们对于外界又有较强的依赖性，因为中原王朝和周边强势民族不断将他们的栖息地压缩，他们很难在有限的土地上形成自给自足的农业经济形态。经由羌人开发的戎盐、黑茶，采集的当归、贝母、虫草、羌活等中药，以及雄黄、硝石、石胆，一入内地则价格陡升。即便是民国时期乃至于今天的岷江流域，羌地所出产的花椒、水果，以及暗紫贝母、天麻、川贝、当归、黄芪等药材均是在全国范围内获得高度认可的优质特产。

羌人不断适应环境，应对复杂生存环境的能力逐渐增强，其在中国历史上存在了五千余年。其势力大时，可以建立控制关中沃野，横跨荆襄九郡的后秦王朝，以及与辽宋金相对峙的西夏王朝。其隐匿时，则扼守于岷江上游地区世代生息繁衍。这样的特性在中华民族多元一体格局中也是极其少有的。而当我们剥离掉羌人所有的服饰、生业、礼俗，甚至于语言等文化表征之后，其更深层次的内涵则是羌人数个世纪而不能易变的文化基因。羌人的文化基因可以比作原上之草。在历史上的大多数时候，羌人总是潜藏于历史的深沟险壑之中，在艰难的生存条件中等待发芽萌蘖。而一旦时机成熟，羌人又会迅速崛起，在与其他民族的激烈碰撞中壮大自身实力，继而在一段其兴也勃、其亡也忽的历史激荡中隆重登上历史舞台。但即便是在冲突最为激烈的时候，羌人也仍然会偃旗息鼓，不绝如线。

面对史书中纷繁复杂的有关羌人的历史记录，在梳理羌族历史的过程中，研究者不可避免地遭遇到族属问题的困惑。20世纪通晓民族语言的历史学家，如马长寿，尚可以凭借语言来判断青海地区的一些族群使用的是古羌语。历史文献上一脉相承，伏延千里的羌族历史记载和岷江流域作为羌人世代生存的地望也有对应关系。但这期间又不免夹杂了“西方牧羊人”的异邦想象、民族建构和王明珂所提出的类似于“一截骂一截”的文化认同与区分。更不用说历史上诸如羊同、女国等史官混淆不清、阴差阳错的主观拼合，还有语言转译过程中出现的丁零、滇零等混淆不清、难以分辨的部落名称。总之，一部典范的羌族历史书写的过程中总是不可避免地使人们感到疑窦丛生，以至于怀疑自己笔下所记录的是否真的是族属为羌的那一群人。

当我们以农业的视角去观察历史上的羌人，带着重新检视羌人的生产与生活方式的目的去梳理波谲云诡的民族融合、交流交往的历史，的确可以看到羌族一脉相承的一种生活方式，或者说一个民族特有的民族性格或者基因。这种探讨一定程度上可以解释羌人为何在数千年的历史文明进程中一直沿承至今；同时也赋予了羌人面对艰险的生活环境，不屈不挠、能屈能伸的精神品质。而在这样的探讨中，羌族的族属问题也因羌人所独有的生存方式，更加清晰起来。从农业史入手对古代羌族的历史性回顾，或可使所谓“典范羌人历史”更加丰富，也更加具有厚重的历史根基。

参考文献

古籍

《尚书》

《周礼》

《诗经》

《左传》

《古本竹书纪年》

《逸周书》

《史记》 [西汉]司马迁

《汉书》 [东汉]班固

《后汉书》 [南北朝·宋]范晔

《三国志》 [西晋]陈寿

《晋书》 [唐]房玄龄等

《宋书》 [南北朝·梁]沈约

《南齐书》 [南北朝·梁]萧子显

《梁书》 [唐]姚思廉

《陈书》 [唐]姚思廉

《魏书》 [北齐]魏收

《北齐书》 [唐]李百药

《周书》 [唐]令狐德棻

《隋书》 [唐]魏徵

《南史》 [唐]李延寿

《北史》 [唐]李延寿

《旧唐书》 [后晋]刘昫等

《新唐书》 [北宋]欧阳修、宋祁

《旧五代史》 [北宋]薛居正等

《新五代史》 [北宋]欧阳修

《宋史》 [元]脱脱等

《辽史》 [元]脱脱等

《金史》 [元]脱脱等

《元史》 [明]宋濂等

《明史》 [清]张廷玉

《清史稿》 [民国]赵尔巽

《资治通鉴》 [北宋]司马光

《续资治通鉴长编》 [南宋]李寿

《元和郡县图志》

《水经注》 [南北朝·北魏]郦道元

《文献通考》 [宋元]马端临

方志

[晋] 常璩《华阳国志》

[清]《保县志》

[清] 常明等《四川通志》

[清]《理番厅志》

[清]《茂州志》

[清]《汶志纪略》

[民国]《松潘县志》

[民国]《汶川县志》

[民国]《芦山县志》

《羌族历史问题》 阿坝州地方志编委会，1998 年

《羌族社会历史调查》 阿坝州地方志编委会，1998 年

《汶川县志》 汶川县地方志编委会，1993 年

《理县志》 理县地方志编委会，1997 年

《北川县志》 北川县地方志编委会，1996 年

今人论著

林惠祥. 中国民族史. 商务印书馆，1936.

吕振羽. 中国民族简史. 三联书店，1949.

姚薇元. 北朝胡姓考. 科学出版社，1958.

胡而安. 中国民族志. 台湾商务印书馆，1964.

罗香林. 中国民族史. 中华文化出版事业社，1966.

张其昀. 中国民族志. 台湾商务印书馆，1969.

刘义棠. 中国边疆民族. 台北中央书局，1979.

张春树. 汉代边疆史论集. 台北食货出版社，1977.

《中央民院民族研究论丛》编辑部. 民族史论文选（上、下）. 中央民族学院出版社，1980.

林幹. 中国历代各族纪年年表. 内蒙古人民出版社，1981.

黄文弼. 西北史地论丛. 上海人民出版社，1981.

李亦园. 中国的民族社会与文化. 台北食货出版社，1981.

翁独健. 中国民族关系研究. 中国社会科学出版社，1984.

王国维. 观堂集林. 中华书局，1983.

杨堃. 民族学概论. 中国社会科学出版社，1984.

冉光荣，李绍明，周锡银，等. 羌族史. 四川民族出版社，1985.

吕思勉. 中国民族史 . 中国大百科出版社，1987.

马长寿. 碑铭所见前秦至隋初的关中部族. 广西师范大学出版社，2006.

马长寿. 乌桓与鲜卑. 广西师范大学出版社，2006.

马长寿. 北狄与匈奴. 三联书店，1962.

周伟洲. 唐代党项. 广西师范大学出版社，2006.

周伟洲. 吐谷浑史. 广西师范大学出版社，2006.

周伟洲. 中国中世西北民族关系研究. 广西师范大学出版社，2006.

张波. 西北农牧史. 陕西科学技术出版社，1989.

樊志民. 秦农业历史研究. 三秦出版社，1997.

朱宏斌. 秦汉时期区域农业开发研究. 中国农业出版社，2010.

王明珂. 华夏边缘：历史记忆与族群认同. 社会科学文献出版社，2006.

王明珂. 羌在汉藏之间：川西羌族的历史人类学研究. 中华书局，2008.

王明珂. 游牧者的抉择——面对汉帝国的北亚游牧部族. 广西师范大学出版社，2008.

王明珂. 英雄祖先与弟兄民族. 中华书局，2009.

任乃强. 羌族源流探索. 重庆出版社，1984.

耿少将. 羌族通史. 上海人民出版社，2010.

许倬云. 汉代农业——中国农业经济的起源及特性. 广西师范大学出版社，2005.

巴菲尔德. 危险的边疆——游牧帝国与中国. 江苏人民出版社，2011.

拉铁摩尔. 亚洲的内陆边疆. 唐晓峰译. 江苏人民出版社，2005.

埃里克・霍布斯鲍姆. 民族与民族主义. 上海人民出版社，2006.

本尼迪克特・安德森. 想象的共同体——民族主义的起源与散布. 上海人民出版社，2006.

埃里克・霍布斯鲍姆. 传统的发明. 译林出版社，2006.

阿瑟・沃尔德隆. 长城：从历史到神话. 石云龙，金鑫荣译. 江苏教育出版社，2008.

顾颉刚. 从古籍中探索我国的西部民族——羌族.《科学战线》1980 年第 1 期.

王慎行. 卜辞所见羌人的反压迫斗争.《考古与文物》1992 年第 3 期.

刘夏蓓. 两汉前羌族迁徙论.《民族研究》2002 年第 2 期.

张行. 羌族史前科技考古.《第三届中国少数民族科技史国际学术讨论会论文集》，1998.

王宗维. 两汉西羌部落考.《西北历史资料》1981 年第 2 期.

何耀华. 试论古代羌人的地理分布.《思想战线》1988 年第 4 期.

李宗放. 汉代羌人各部述论.《西南民族学院学报》2001 年第 6 期.

杨东展. 秦汉时期青海地区的民族和文化.《青海师专学报》2000年第2期.

黄正林，窦向军. 论唐以前活动在陇东的少数民族及其与中原的关系.《西北史地》1999年第2期.

雷家骥. 氐羌种姓文化及其与秦汉魏晋的关系.《“国立”中正大学学报》1996年第1期.

王明珂. 鄂尔多斯及其邻近地区专业化游牧业的起源.《历史语言研究所集刊》第65本第2分册，1994.

附录　羌族农业史大事记

时　间	帝王纪年	事　件
约前 2070—前 1600 年	夏王朝	禹出西羌，姜氏命以侯伯
约前 1600 年	商王成汤时期	氐羌来宾
前 1250—前 1046 年	商王武丁以后至商朝末期	商王频繁征伐羌人
前 1046 年	周武王时期	武王伐商，羌髳率师会于牧野
前 789 年	周宣王三十九年	战于千亩，王师败绩于姜氏之戎
前 316 年	（秦惠文王）后元九年	秦王朝派司马错伐蜀征羌，并设置湔氐道，统辖羌人所聚居之地
前 310 年	（秦武王）元年	秦在岷江上游设湔氐道
前 201 年	（汉高祖）六年	汉代在平武、北川设刚氐道
前 121 年	（西汉）元狩二年	汉北却匈奴，西逐诸羌，初开河西，列置四郡，隔绝羌胡
前 112 年	（西汉）元鼎五年	西羌众十万人反，与匈奴通史，攻令居、枹罕
前 111 年	（西汉）元鼎六年	汉武帝发兵十万击羌，羌人离开湟中，依西海盐池而居。汉置护羌校尉于护羌城。置汶山郡、武帝郡、沈黎郡
前 97 年	（西汉）天汉四年	沈黎郡并入蜀郡，设两都尉：一居旄牛，主徼外羌；一居青衣，主汉人
前 91—前 48 年	（西汉）宣帝生卒纪年	先零种陆续渡湟水，逐人所不田处以为畜牧
前 61 年	（西汉）神爵元年	赵充国上书在河湟地区实施屯田。次年，汉军大胜先零羌，俘获羌人三万余。汉代册封众豪酋，并置金城属国以处降羌

续　表

时　间	帝王纪年	事　件
前 42 年	（西汉）永光二年	乡姐等七种羌寇陇西，汉元帝派冯奉世镇压，斩首虏八千余级，掠马牛羊以万数。西汉在此设置屯田
5 年	（西汉）元始五年	王莽诱骗卑禾羌献西海及允谷盐池内属，置西海郡
6 年	（新莽）居摄元年	羌人庞恬、傅幡反攻西海太守，王莽派护羌校尉窦况出兵伐羌
25 年	（东汉）建武元年	窦融击先零羌，斩首千余级，得牛马羊万头，谷数万斛
33 年	（东汉）建武九年	光武帝复置护羌校尉
34 年	（东汉）建武十年	先零等羌攻金城、陇西，马援等在金城大破羌人，斩首虏数千人，获牛羊万余头，谷数万斛
35 年	（东汉）建武十一年	马援破先零羌于临洮，斩首数百级，获牛马羊万余头。后羌人归服，徙置天水、陇西、扶风三郡
37 年	（东汉）建武十三年	武都参狼羌与塞外各部联合反叛。马援前往征剿，豪帅十万户逃亡出塞，降者万余人。广汉塞外白马羌豪楼登等率种人五千余户内属
56 年	（东汉）中元元年	武都参狼羌再次暴动，东汉发兵，斩首千余级，参狼羌余部悉降
57 年	（东汉）中元二年	烧当羌寇陇西，守塞诸羌纷纷响应。后被窦固等人镇压，徙七千口置三辅
76 年	（东汉）建初元年	西羌大规模起义，先零别种首领在北地自称天子。叛乱持续 10 余年
77 年	（东汉）建初二年	烧当羌五万众攻陇西、汉阳

续　表

时　间	帝王纪年	事　件
94年	（东汉）永元六年	蜀郡大牂羌首领造头等率种人五十余万内属
100年	（东汉）永元十二年	护羌校尉周鲔大破烧当羌，大部内附。同年，旄牛徼外白狼羌率种人内属
101年	（东汉）永元十三年	烧当种战败，降者六千余口，部分徙至汉阳、安定、陇西
107年	（东汉）永初元年	当煎、勒姐羌攻没破羌县，钟羌攻没临洮县，拉开了长达十余年的“永初羌乱”序幕。同年，蜀郡徼外羌龙桥率众万余口内属
108年	（东汉）永初二年	郡徼外羌薄申等八种三万余口举土内属，广汉塞外参狼种羌二千余口内属。同年，阴平、武都羌反
114年	（东汉）元初元年	护羌校尉庞参招诱诸羌七千余人降汉
115年	（东汉）元初二年	武都太守破武都羌，将羌人徙往酒泉、敦煌
117年	（东汉）元初四年	越嶲羌起兵，攻破二十余县，后被益州刺史围剿
118年	（东汉）元初五年	先零羌首领狼莫被任尚等人收买羌人刺杀，诸羌瓦解
119年	（东汉）元初六年	勒姐羌与陇西羌密谋反抗，后被骑都尉马贤击败，部众或降或散
126年	（东汉）永建元年	陇西钟羌反叛，马贤率部征讨，斩杀钟羌千余人，其余部众全都归降。凉州安定
134年	（东汉）阳嘉三年	钟羌首领良封等进犯陇西、汉阳。次年叛乱平息。钟羌降者十万余人

续 表

时 间	帝王纪年	事 件
140 年	（东汉）永和五年	且冻羌傅难种等反叛，攻金城、西塞，湟中羌胡寇三辅。“永和羌乱”爆发
141 年	（东汉）永和六年	马贤在射姑山会战中战死。羌乱升级。金城、陇西、汉阳的西羌与安定、北地、西河、上郡的东羌联合攻打关中
145 年	（东汉）永嘉元年	左冯翊招诱羌人五万余户，永和羌乱平息
148 年	（东汉）建和二年	白马羌犯广汉属国，西羌与湟中羌胡联合反叛
159 年	（东汉）延熹二年	西羌再次反叛。烧当、烧何、当煎、勒姐等八种羌攻金城
160 年	（东汉）延熹三年	零吾、先零等诸羌攻并、凉二州与三辅地区
162 年	（东汉）延熹五年	沈氐羌寇张掖、酒泉。皇甫规招抚羌人十万余众
167 年	（东汉）永康元年	当煎羌攻武威，战败，皆降散
168 年	（东汉）建宁元年	段颎击先零诸种，连败诸羌，次年东羌悉平。羌乱告一段落
184 年	（东汉）中平元年	东羌响应黄巾起义，举兵反叛
214 年	（东汉）建安十九年	诸羌归附，置西平郡，管辖羌人
223 年	（蜀汉）建兴元年	诸葛亮迁南中青羌入蜀
231 年	（蜀汉）建兴九年	汶山羌暴动，姜维等人征讨叛羌并在汶山等地筑城屯兵
240 年	（蜀汉）延熙三年	魏雍州刺史郭淮击迷当羌，迁三千余落实关中

续　表

时　间	帝王纪年	事　件
247 年	（蜀汉）延熙十年	陇西、南安、金城、西平诸羌联合姜维共同起兵伐魏
268 年	（西晋）泰始四年	河西水旱灾交替，羌胡暴动，朝廷置秦州，以刺史领护羌校尉
274 年	（西晋）泰始十年	汶山白马羌劫掠诸种
280 年	（西晋）太康元年	御史郭钦上书，建议徙平阳、弘农等地羌戎迁出内地
296 年	（西晋）元康六年	冯翊、北地及秦雍两州氐羌起义
298 年	（西晋）元康八年	紫利羌和蜂峒羌发生战争
299 年	（西晋）元康九年	江统作《徙戎论》，建议外徙内迁的氐羌
301 年	（西晋）永宁元年	汶山羌反
306 年	（西晋）光熙元年	賨人首豪李特率领氐、羌、賨人和汉民起义，建立成汉政权
317 年	（东晋）建武元年	凉州刺史张寔奉西晋正朔，成为割据政权，史称前凉。置凉州、河州、沙洲等，管辖陇西羌人
318 年	（东晋）建武二年	石勒讨伐羌人，并将羌羯降者十万余落徙之司洲诸县
320 年	（前赵）光初三年	巴氐叛乱，四山羌、氐、巴、羯应之者共三十余万。刘曜迁巴氐部落二十余万口于长安
332 年	（后赵）建平三年	石虎徙氐羌十余万户于关东
386 年	（东晋）太元十一年	羌人姚苌建立后秦政权，定都长安
417 年	（后秦）永和二年	刘裕攻占长安，后秦灭亡
448 年	（北魏）太平真君九年	宕昌羌弥忽奉表内附，始通北魏

续 表

时 间	帝王纪年	事 件
460 年	（南朝刘宋）大明四年	宕昌王向刘宋遣使朝贡
479 年	（南齐）建元元年	邓至羌像舒彭遣使向南齐朝贡，南齐封像舒彭为持节平西将军
480 年	（北魏）太和四年	洮阳羌叛，枹罕镇将讨平之
481 年	（北魏）太和五年	邓至王像舒治向北魏孝文帝遣使内附
485 年	（北魏）太和九年	吐谷浑袭击宕昌，仇池镇将发兵救助
493 年	（北魏）太和十七年	泾州羌叛，残破城邑
510 年	（北魏）永平三年	秦州陇西羌与汉民起义，北地诸羌恃险作乱
524 年	（北魏）正光五年	羌人莫折大提发动关陇起义，自立为秦王，年号天建
550 年	（西魏）大统十六年	宕昌叛羌獠甘作乱，逐其王弥定而自立，在西魏派兵征讨下，弥定复位
554 年	（西魏）恭帝元年	邓至王檐衍失国，奔长安，西魏发兵护送其返回
566 年	（北周）天和元年	武帝派大将攻打宕昌，俘获宕昌羌王，灭宕昌，改为宕州
584 年	（隋）开皇四年	千余家党项羌内附
585 年	（隋）开皇五年	党项羌酋拓跋宁丛率部至旭州请求内附
594 年	（隋）开皇十四年	会州总管崔仲方西征诸羌
596 年	（隋）开皇十六年	党项进攻会州，诏发陇西兵讨羌，大破其众，党项归附隋朝
620 年	（唐）武德三年	党项与吐谷浑寇松州。吐蕃征服苏毗。左上封生羌酋董屈占等举族内附，复置维州及二县

续　表

时　间	帝王纪年	事　件
621 年	（唐）武德四年	党项与吐谷浑寇扰洮州、岷州
623 年	（唐）武德六年	党项与吐谷浑寇扰河州。白简、白狗羌遣使入贡唐朝
624 年	（唐）武德七年	党项联合吐谷浑，入寇松州。是年，白狗羌内附。置维州
625 年	（唐）武德八年	党项寇渭州
626 年	（唐）武德九年	吐谷浑与党项先后寇扰岷州、廓州、河州
629 年	（唐）贞观三年	党项酋细封步赖举部降唐，以其地为轨州，其后诸羌酋内属，于其地置崌、奉、严、远四州
631 年	（唐）贞观五年	唐为安置归化的党项羌，置河曲十六羁縻州，先后内属者三十万口。是年，羊同来朝
635 年	（唐）贞观九年	党项拓跋赤辞来降，于其地置三十二羁縻州
638 年	（唐）贞观十二年	吐蕃进破党项、白兰诸羌
651 年	（唐）永徽二年	特浪羌、辟惠羌等部羌酋各帅种落万余户诣茂州内附，于其地置羁縻州
692 年	（唐）如意元年	吐蕃首领与党项种三十万降唐，它酋昝插率羌、蛮八千来附，置叶州
755 年	（唐）天宝十四年	苏毗王子悉诺逻降唐
760 年	（唐）乾元三年	党项羌逼近京畿，朝野震恐
763 年	（唐）广德元年	吐蕃征服甘南和川西北羌族地区，内徙党项羌随吐蕃攻入长安

续 表

时　间	帝王纪年	事　件
793 年	（唐）贞元九年	东女、哥邻、白狗、弱水等西山八国内附。松州生羌等二万余户，相继内附
833 年	（唐）大和七年	朝廷于党项羌所居银州设立监牧使
843 年	（唐）会昌三年	党项攻盐州、邠宁
845 年	（唐）会昌五年	党项攻陷邠宁、盐州界城堡，屯叱利寨
907 年	（唐）天复七年	王建称帝，国号为蜀，疆域西至岷江上游羌人聚居区
925 年	（后唐）同光三年	后唐灭前蜀，以孟知祥为四川节度使
934 年	（后蜀）明德元年	孟知祥称帝，建立政权，史称“后蜀”。“西山八国”大都为吐蕃所掌控
965 年	（北宋）乾德三年	宋太祖出兵征伐后蜀，孟昶投降。川蜀地区纳入北宋版图
966 年	（北宋）乾德四年	西南夷首领兼霸州刺史董暠等上章内附。北宋开始在威州推行世袭的刺史任命制
982 年	（北宋）太平兴国七年	夏州政权李继捧领夏、银、绥、宥、静五州之地来归。李继迁率众为寇，奔入蕃族地斤泽以叛
986 年	（北宋）雍熙三年	李继迁持重币至契丹请附
1038 年	（北宋）宝元元年	党项羌李元昊（拓跋氏）建立西夏政权

续　表

时　间	帝王纪年	事　件
1044 年	（北宋）庆历四年	北宋与西夏大成和议，宋廷承认西夏地位，岁赐银绢，并开放沿边榷场贸易，史称“庆历和议”
1076 年	（北宋）熙宁九年	茂州城动工扩建改造，引发了当地羌民的不满，双方爆发了激烈的冲突。朝廷在灌口复置永康军，于汶川置威戎军使，以石泉县隶绵州。置镇羌寨、鸡宗关
1115 年	（北宋）政和五年	直州将郅永寿等内附。以其地建寿宁军、延宁军，旋废
1117 年	（北宋）政和七年	涂、静、时、飞等州蛮族复反，杀掠千余人，后被宋将种友直等击破
1123 年	（北宋）宣和五年	宕、恭、直诸部落入寇
1124 年	（北宋）宣和六年	涂、静蛮复犯茂州
1134 年	（南宋）绍兴四年	朝廷下令在永康军、威茂州置博马场，以茶市马。两年后旋废
1178 年	（南宋）淳熙五年	嘉上蛮攻寇威州，累月不息
1227 年	（西夏）保义二年	大夏政权为蒙古所灭
1252 年	（南宋）淳祐十二年	蒙哥率军攻入四川，彭、汉、威、茂诸州悉降
1271 年	（元）至元八年	元朝在西夏故地设立西夏中兴行省，省治设于中兴府
1278 年	（元）至元十五年	川蜀悉平，归入元朝统治
1286 年	（元）至元二十三年	置四川行省，署成都，统九路、五府
1361 年	（元）至正二十一年	明玉珍入蜀，次年称帝，国号大夏，纪年天统。置龙州宣慰司

续 表

时 间	帝王纪年	事 件
1371 年	（明）洪武四年	朱元璋遣汤和等人征蜀。夏亡。置四川等处行中书省、成都卫。静州、陇木、岳西土官相继率众归附
1374 年	（明）洪武七年	朝廷命静州、陇木、岳西长官为世袭长官
1378 年	（明）洪武十一年	汶川土酋孟道贵、威茂土酋董贴里等率众反叛
1385 年	（明）洪武十八年	松州羌反
1387 年	（明）洪武二十年	改松潘卫为松潘等处军民指挥使司
1427 年	（明）宣德二年	番寇围松潘、叠溪、茂州、断索桥，官军与战皆败
1441 年	（明）正统六年	乌思藏卫指挥使司雍中罗洛思镇压羌乱有功，命驻汶川，即瓦寺土司
1457 年	（明）天顺元年	岷洮羌叛
1466 年	（明）成化二年	白草坝等羌寨聚众五百人袭扰龙州
1468 年	（明）成化四年	白草诸羌拥众进袭安县、石泉等地。白草坝等处番蛮纠合各处番族，攻劫龙州、江油等处
1473 年	（明）成化九年	黑虎寨贼首夜合等攻关堡。此后，松潘白马路水土、茹儿等寨羌人反明起事
1475 年	（明）成化十一年	羌人攻入龙州，松、茂番寇边
1477 年	（明）成化十三年	松茂蛮叛
1478 年	（明）成化十四年	石泉羌人大规模起义
1493 年	（明）弘治六年	茂州罗打鼓诸羌率白若诸寨侵边
1507 年	（明）正德二年	茂州静州土官节贵父子联合陇木头土舍及本寨羌人劫掠安县、绵竹，烧毁民房

续 表

时 间	帝王纪年	事 件
1513 年	（明）正德八年	土官节贵引领羌人围攻茂州城七昼
1518 年	（明）正德十三年	核桃沟蛮叛
1519 年	（明）正德十四年	巡抚马昊调松潘驻军围攻茂州小东路诸羌寨，核桃沟山下关羌民联合白若、罗打鼓等地羌人围攻城堡
1526 年	（明）嘉靖五年	黑虎五寨起兵反明，围长安诸堡，乌都、鹁鸽、鹅儿诸羌八百人积极响应。后被明军剿平
1529 年	（明）嘉靖八年	岷洮羌人攻击临洮、巩昌
1530 年	（明）嘉靖九年	巡抚都御史宋沧克平真州剧贼周天星及白草等寨
1533 年	（明）嘉靖十二年	北路乌都、鹁鸽等寨羌人大肆寇扰。土官节贵率陇东十二寨，联合青片、板舍、白草坝、白若、罗打鼓寨数千羌人直取坝底堡
1535 年	（明）嘉靖十四年	白草诸羌屡寇坝底堡，都督何卿率军征讨，所过碉寨皆毁之
1544 年	（明）嘉靖二十三年	白草羌反叛称帝，袭击平番堡
1546 年	（明）嘉靖二十五年	张时彻、何卿征讨北川白草羌，大败之，建双溪、大鱼、永平诸堡
1565 年	（明）嘉靖四十四年	龙州宣抚司薛兆乾与副使李蕃内讧，薛兆乾据关拒命。薛兆乾被诛后，明廷废龙州宣抚司，改建龙安府，设立流官
1568 年	（明）隆庆二年	汶川草坡羌人倾巢而出，大肆掳掠，焚毁民舍

续 表

时 间	帝王纪年	事 件
1573 年	（明）万历元年	丢骨、人荒、没舌三寨袭扰安化关，次年寇归化关
1579 年	（明）万历七年	白草羌千余人归降
1585 年	（明）万历十三年	叠溪杨柳诸羌联合河东、西路诸羌，直捣金瓶堡，与明军发生军事冲突
1586 年	（明）万历十四年	窑沟、大小二姓诸羌向蒲江关发起攻击
1591 年	（明）万历十九年	茂州诸羌联合与明军对抗，攻破新桥，并围攻普安等关堡
1644 年	（明）崇祯十七年	张献忠所建大西政权管辖威州、茂州、石泉等地区，联合羌民对抗土司势力与明朝皇族
1646 年	（清）顺治三年	大西政权失败，退出羌族地区。南明势力进入四川地区
1649 年	（清）顺治六年	清军消灭南明势力，接管羌族地区
1655 年	（清）顺治十二年	威州龙蒲等寨暴动，总督李国英围剿
1657 年	（清）顺治十四年	杂谷土司带领千余人围攻瓦寺未逞，遂入内地劫掠
1703 年	（清）康熙四十二年	石泉土司被撤
1752 年	（清）乾隆十七年	杂谷土司谋乱，岳钟琪进剿，撤土司，改土归流
1768 年	（清）乾隆三十三年	石泉知县姜炳璋所修《石泉县志》刊刻成书
1826 年	（清）道光六年	大小姓寨、大小黑水寨、松坪寨等土户主动要求改土归流

续　表

时　间	帝王纪年	事　件
1901 年	（清）光绪二十七年	茂州黑虎地区百姓联合告发土司罪行，清廷废除黑虎地区土司统治
1905 年	（清）光绪三十一年	清政府推行“计口授盐”，在茂州设立官盐店，茂州千余众抗议示威
1911 年	（清）宣统三年	清政府在茂州设立官膏店，垄断鸦片购销
1914 年	民国三年	在黑虎三寨恢复了土司统治的坤土司再次被撤，同年，石泉复名北川
1917 年	民国六年	四川军阀势力管辖羌族地区，对当地百姓进行盘剥
1933 年	民国二十二年	茂县叠溪发生 7.5 级大地震，十余个村落全部覆灭
1936 年	民国二十五年	四川省政府正式行文撤销土司制度，改土归流
1942 年	民国三十一年	十六区专署派保安队以铲烟为名洗劫茂县渭门一带，激起群众武装反抗
1947 年	民国三十六年	茂县龙坪、三齐等乡民共同反抗国民党反动派的压榨

索　引

L

M

P

Q

R

S

T

W

X

Y